FORSCHUNGSBERICHT DES LANDES NORDRHEIN-WESTFALEN

Nr. 2663/Fachgruppe Mathematik/Informatik

Herausgegeben im Auftrage des Ministerpräsidenten Heinz Kühn
vom Minister für Wissenschaft und Forschung Johannes Rau

Prof. Dr.-Ing. Dipl.-Wirtsch.-Ing. Walter Eversheim
Dr.-Ing. Dipl.-Wirtsch.-Ing. Gerd Hemgesberg
Laboratorium für Werkzeugmaschinen und Betriebslehre
- Lehrstuhl für Produktionssystematik -
der Rhein.-Westf. Techn. Hochschule Aachen

Entwicklung eines Systems zur optimalen zweidimensionalen Verschnittoptimierung in der Einzel- und Kleinserienfertigung mit Hilfe dialogfähiger Rechenanlagen

WESTDEUTSCHER VERLAG 1977

CIP-Kurztitelaufnahme der Deutschen Bibliothek

Eversheim, Walter
Entwicklung eines Systems zur optimalen zweidimensionalen Verschnittoptimierung in der Einzel- und Kleinserienfertigung mit Hilfe dialogfähiger Rechenanlagen / Walter Eversheim; Gerd Hemgesberg. - 1. Aufl. - Opladen : Westdeutscher Verlag, 1977.
(Forschungsberichte des Landes Nordrhein-Westfalen ; Nr. 2663 : Fachgruppe Mathematik, Informatik)
ISBN-13: 978-3-531-02663-3 e-ISBN-13: 978-3-322-88386-5
DOI: 10.1007/978-3-322-88386-5

NE: Hemgesberg, Gerd.

Gesamtherstellung: Westdeutscher Verlag

ISBN-13: 978-3-531-02663-3

Inhalt

1. Einleitung und Problemstellung

Die wirtschaftliche Entwicklung der letzten Jahre, die durch Zunahme der Konkurrenzsituation auf nationaler und internationaler Ebene sowie steigende Kosten gekennzeichnet ist, zwingt die Unternehmen zu einer verstärkten Rationalisierung. Der technische Fortschritt bei der Entwicklung elektronischer Datenverarbeitungsanlagen und automatischer Maschinensteuerungen ermöglicht heute, umfassende Rationalisierungsmaßnahmen durchzuführen.

Der Schwerpunkt der Rationalisierung lag in den Produktionsbereichen der Unternehmen bisher vorwiegend in der Fertigung und auf dem Gebiet der Verwaltung umfangreicher Datenmengen. In den letzten Jahren zeichnet sich jedoch der Trend ab, auch Planungstätigkeiten der Produktionsbereiche Konstruktion und Arbeitsvorbereitung zu automatisieren /1/.

Hierbei stehen zum einen algorithmisch beschreibbare Tätigkeiten im Vordergrund, die in den Planungsbereichen selbst einen großen Aufwand verursachen, wie beispielsweise die Erstellung von Fertigungszeichnungen oder Arbeitsplänen. Zum anderen wird die EDV eingesetzt, um die Qualität von Planungsergebnissen über die konventionell gegebenen Möglichkeiten hinaus zu verbessern /2/. Ein Beispiel hierzu stellt die Berechnung von Systemen mit Hilfe der Methode der finiten Elemente dar.

Bereits weitverbreitet ist die rechnerunterstützte Programmierung von NC-Maschinen. Für diese Tätigkeit treffen vor allem bei komplizierten Teilen die beiden zuvorgenannten Kriterien zu. Darüber hinaus haben die folgenden beiden Gründe die Automatisierung dieser Tätigkeit wesentlich begünstigt. Zum einen müssen die Planungsergebnisse, d. h. die Steuerinformationen, auch bei der manuellen Programmierung auf EDV geeigneten Datenträgern in digitaler Form aufbereitet werden. Zum anderen bestehen hierbei kaum psychologische Vorteile seitens Sachbearbeiter und Führungspersonal, da diese Tätigkeit auch bei manueller Programmierung rechnerorientiert und in der erforderlichen Detaillierung für die Arbeitsvorbereitung neu ist und den NC-Maschinen in den Unternehmen ein hoher Prestigewert zukommt.

Im Gegensatz zu spanenden Fertigungsverfahren, wie Drehen, Bohren oder Fräsen hat sich die Automatisierung der Planungstätigkeiten bei den Verfahren zum Trennen von Halbzeugen noch nicht im gleichen Maße durchgesetzt. Allerdings ist bei diesen Verfahren der Bedarf und die derzeitige Verbreitung von NC-Maschinen in Unternehmen des Maschinen- und Stahlbaus im Vergleich zu den spanenden Bearbeitungsmaschinen geringer.

Die Besonderheit beim Planen des Trennens von Halbzeugen ist, daß nicht nur werkstückbezogene Daten zu berücksichtigen sind. Da sich je nach Zuordnung von Werkstücken zu einem Halbzeug ein unterschiedlicher Verschnitt des Ausgangsmaterials ergibt, ist dieses Kriterium hierzu zusätzlich zu beachten. Die Zuordnung von Werkstücken zu Halbzeugen, die relative Anordnung dieser Werkstücke sowie die Erstellung der entsprechenden Informationen für die Fertigung sollen als Verschnittplanung definiert werden /3/. Die Lösung dieser Aufgabe unter Einsatz elektronischer Datenverarbeitungsanlagen wird im folgenden betrachtet.

Generell tritt das Problem der Verschnittplanung auf, wenn mehrere Werkstücke aus einem vorgegebenen Halbzeug gefertigt werden. Ausgehend von den bestehenden Freiheitsgraden bei der Anordnung der Werkstücke im Ausgangsmaterial kann eine Aufteilung (Bild 1) vorgenommen werden in die

- eindimensionale Verschnittplanung,
- zweidimensionale Verschnittplanung,
- dreidimensionale Verschnittplanung.

Beim eindimensionalen Verschnittproblem wird eine gegebene Länge eines Halbzeuges mit definiertem Querschnitt, wie beispielsweise runde Stangen, in kleinere Einheiten, das werkstückbezogene Rohmaterial, zerteilt. Das zweidimensionale Verschnittproblem ist dadurch gekennzeichnet, daß eine Fläche, beispielsweise ein Blech, in kleinere, vorgegebene Flächen getrennt wird. Entsprechend wird bei der dreidimensionalen Verschnittplanung ein Volumen unterteilt.

Dem Verschnittproblem kommt je nach Branche und Unternehmenstyp eine unterschiedliche Bedeutung zu. Als geometrisches Problem

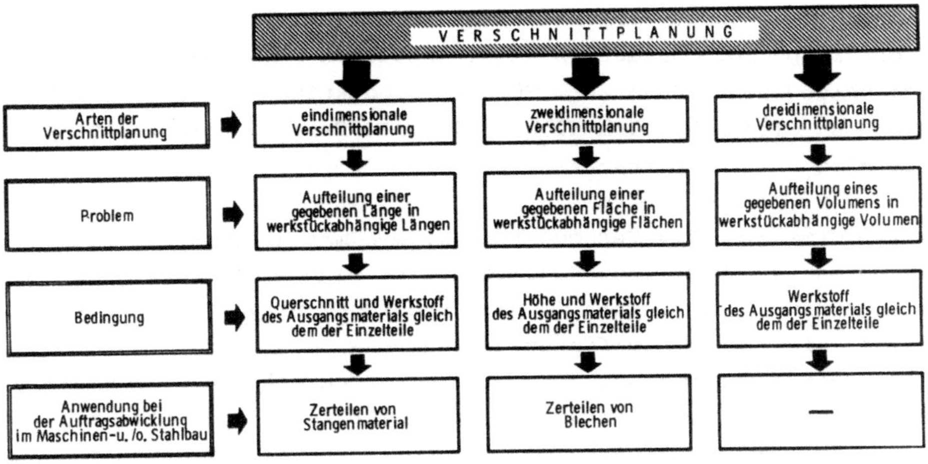

Bild 1: Arten der Verschnittplanung

ist es unabhängig von Branchen, d. h. vor allem unabhängig von Werkstoffen. Es tritt daher in gleichem Maße bei der Verarbeitung von Metall, Holz, Kunststoff, Leder u.a. auf. Doch soll die Betrachtung auf Unternehmen des Stahl- und Maschinenbaus, d. h. auf die Verwendung von metallischen Halbzeugen beschränkt werden, da neben der Geometrie auch technologische Aspekte bei der Verschnittplanung zu berücksichtigen sind /3/.

Das eindimensionale Verschnittproblem, d. h. die Verschnittminimierung von Stangenmaterial, ist in den Unternehmen des Maschinen- und Stahlbaus von untergeordneter Bedeutung. Aufgrund der Vielfalt des entsprechenden Teilespektrums, das - wie Untersuchungen zeigten - in überwiegendem Maße aus Kurzteilen besteht /4/5/, kann das Stangenmaterial bis auf minimale Reststücke ohne besonderen Planungsaufwand verwendet werden. Neben dem zusätzlichen Aufwand erfordert eine eindimensionale Verschnittplanung eine laufende Erfassung der Stangenreststücke. Bei der üblichen Werkstattfertigung würde ein erheblicher Mehraufwand zur Einsteuerung und Sortierung der Rohteile entstehen. Aus diesen Gründen soll das eindimensionale Verschnittproblem nicht weiter betrachtet, sondern auf geeignete in der Literatur beschriebene Planungsmethoden hingewiesen werden /6/7/.

Das dreidimensionale Verschnittproblem tritt beispielsweise bei der Stapelung von Gütern unterschiedlicher Abmessungen in einem vorgegebenen Raum auf. Für den Produktionsbereich von Unternehmen ist dieses Problem nicht relevant. Es wird deshalb ebenfalls nicht weiter betrachtet.

Dem zweidimensionalen Verschnittproblem kommt hingegen in den Unternehmen des Maschinen- und Stahlbaus eine sehr große Bedeutung zu. Allerdings ist hierbei je nach Unternehmenstyp bzw. Problemstellung eine weitere Differenzierung notwendig. Zu unterscheiden ist hierbei die Fertigung einer großen Stückzahl identischer Werkstücke bzw. die Fertigung von Werkstücken mit teuren, werkstückabhängigen Sonderwerkzeugen von der Herstellung geometrisch unterschiedlicher Werkstücke in kleinen Stückzahlen /8/.

In den ersten beiden Fällen ist das Planungsobjekt ein Werkstück, das in einer großen Stückzahl aus Blech gefertigt wird. Aus wirtschaftlichen und technologischen Gründen sind vor allem Werkstückkonstruktion, Festlegung des Ausgangsmaterials, d. h. der Abmessungen der Blechstreifen, sowie Werkzeugkonstruktion Schwerpunkte dieses Planungsprozesses.

Bei der Verschnittplanung geometrisch unterschiedlicher Blechteile mit kleinen Stückzahlen, die der Einzel- und Kleinserienfertigung zuzuordnen ist, besteht die Aufgabe darin, gegebene, unterschiedliche Werkstücke auf einem Blech mit festliegenden Abmessungen verschnittminimal anzuordnen. Da aus einem Blech mit handelsüblichen Abmessungen bei kleinen Losgrößen in der Regel Werkstücke unterschiedlicher Produkte und Aufträge gefertigt werden, ist diese Verschnittplanung abhängig von der jeweiligen Zusammensetzung der Aufträge. Eine Optimierung der Werkstückkonturen im Hinblick auf eine verschnittminimale Kombination von Teilen ist daher nicht sinnvoll, da theoretisch bei jedem Planungsprozeß ein Werkstück in einer anderen, zum Zeitpunkt der Konstruktion nicht absehbaren Kombination verschachtelt werden kann. Darüber hinaus ist aus zeitlichen und wirtschaftlichen Gründen eine nachträgliche Werkstückänderung bei Einzel- und Kleinserienfertigung nicht zu vertreten. Außerdem werden zum Trennen dieser Teile universale Fertigungseinrichtungen eingesetzt.

Die Schwerpunkte dieser beiden abgegrenzten Aufgaben sind deshalb sehr verschieden. Entsprechend sind hier auch unterschiedliche Methoden zur Verschnittplanung anzuwenden.

Im folgenden soll nur das Problem der Verschnittplanung geometrisch unterschiedlicher Werkstücke mit kleinen Stückzahlen betrachtet werden. Dieses Problem ist in allen Unternehmen des Maschinen- und Stahlbaus bis hin zur Fertigung mittlerer Serien von Bedeutung.

Zur Lösung des Problems der Anordnung identischer Werkstücke mit hohen Stückzahlen wird auf entsprechende Literatur hingewiesen /9/10/11/.

Zunächst soll der Istzustand der zweidimensionalen Verschnittplanung in den abgegrenzten Unternehmen analysiert werden. Darauf aufbauend werden Anforderungen an ein System zur zweidimensionalen Verschnittplanung abgeleitet und die am Lehrstuhl für Produktionssystematik des Werkzeugmaschinenlabors der TH Aachen entwickelten Programmsysteme zur Verschnittplanung erläutert.

2. Istzustand der zweidimensionalen Verschnittplanung

Der Istzustand der zweidimensionalen Verschnittplanung soll analysiert werden hinsichtlich

- allgemeiner Bedeutung der zweidimensionalen Verschnittplanung,
- Werkstückgeometrie der Blechteile,
- Fertigungsverfahren und Maschinensteuerung,
- Informationen für die Fertigung,
- angewendete und bisher entwickelte Planungsmethoden und -hilfsmittel.

Abgesehen von einer Gegenüberstellung bisher entwickelter Planungshilfsmittel soll aus den zuvor erläuterten Gründen der Istzustand in Unternehmen des Maschinen- und Stahlbaus mit Einzel-, Klein- oder Mittelserienfertigung betrachtet werden.

Die Bedeutung der zweidimensionalen Verschnittplanung resultiert zum einen aus dem Anteil der Blechteile am gesamten Teilespektrum, zum anderen aus der Höhe der Verschnittquote der eingesetzten Ausgangsbleche.

Wie mehrere Analysen der Teilespektren zeigen, liegt in Unternehmen des Stahlbaus der Anteil der Blechteile am gesamten Einzelteilspektrum bei durchschnittlich 40 % und in Unternehmen des allgemeinen Maschinenbaus bei 20 % /12/13/. Aus eigenen Untersuchungen geht hervor, daß die Verschnittquote der Bleche, d. h. der Blechabfall in bezug auf die eingesetzte Materialmenge, 15 bis 30 % beträgt /3/.

Diese hohe Verschnittquote ist zu einem minimalen Prozentsatz durch einen technologisch notwendigen Materialverlust, sondern durch unterschiedliche Formen der Blechteile und vor allem durch unzureichende Planungsmethoden und Hilfsmittel bedingt /8/.

Aus mehreren detaillierten Untersuchungen der Blechteile, die vom Werkzeugmaschinenlabor der TH Aachen in verschiedenen Unternehmen durchgeführt wurden, geht übereinstimmend hervor, daß die Hauptform von 70 bis 80 % aller Blechteilzuschnitte rechteckig ist /14/15/16/. Der Blechteilzuschnitt beschreibt hierbei den Zwischenzustand der Blechteile nach dem Trennvorgang. Bei der

Betrachtung der Hauptform werden kleine Abweichungen, wie Anfasungen, Ausklinkungen sowie Innenformen vernachlässigt.

Im folgenden soll die Werkstückgeometrie der Blechteilzuschnitte am Beispiel eines Unternehmens des Maschinenbaus aufgezeigt werden. Die Verteilungen sind für Blechteile als typisch anzusehen. In Bild 2 ist eine Häufigkeitsverteilung der Hauptform der Blechteilzuschnitte dargestellt /15/. In dem betrachteten Unternehmen war die Hauptform von 71,3 % aller Blechteilzuschnitte rechteckig. Ungefähr 90 % aller Zuschnitte werden durch einfache geometrische Formen begrenzt, d. h. Rechtecke, Trapeze, Parallelogramme, Dreiecke u. a. Nur bei knapp 5 % aller Teile treten Formschnitte auf.

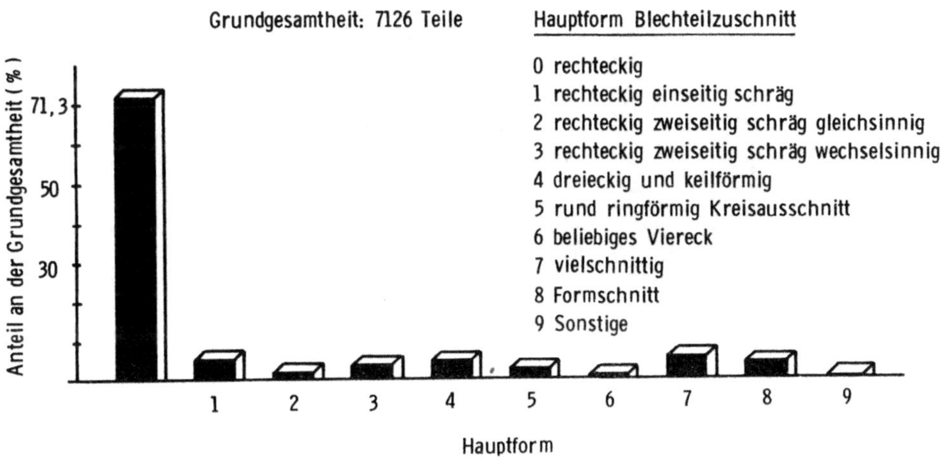

Bild 2: Häufigkeitsverteilung von Blechteilen - Hauptform der Blechteilzuschnitte

Aus der Häufigkeitsverteilung der Abweichungen von der Hauptform (Bild 3) geht für das gleiche Teilespektrum hervor, daß 34 % aller Zuschnitte keine Abweichungen von den definierten Hauptformen (Bild 2) aufweisen. Relativ häufig kommen gerade abgeschnittene Ecken (12 %), winkelförmige, geradlinig begrenzte Aussparungen (17 %) und konkave bzw. konvexe und konkave Aussparungen (16 %) an Werkstücken vor. Hierbei können jedoch Abweichungen mit hoher Kennziffer auch diejenigen mit einer niedrigen Kennziffer beinhalten, so daß keine direkten Schlüsse auf die absolute Häufigkeit einzelner Abweichungsarten möglich ist. Innenformen treten bei 9 % aller Blechteile auf.

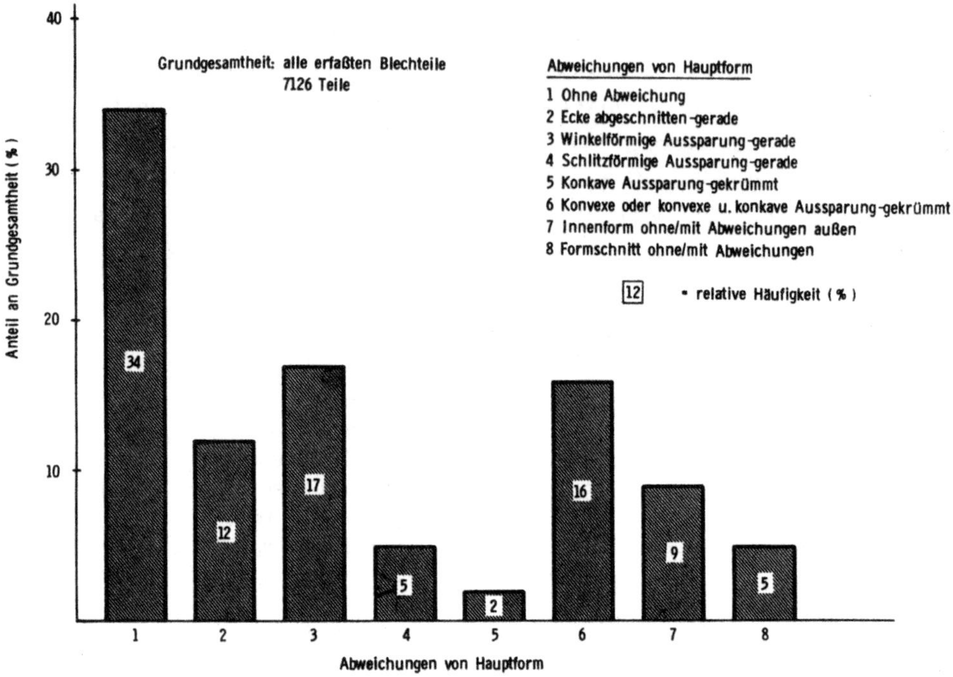

Bild 3: Häufigkeitsverteilung von Blechteilen - Abweichungen von Hauptform

Da Hauptformen zu einem überwiegenden Anteil rechteckig sind, soll bei diesen Teilen zudem auch die Kombination von Hauptform und Abweichungen betrachtet werden. Aus Bild 4 wird deutlich, daß etwa 31 % aller erfaßten Blechteile genau rechteckig zugeschnitten werden. Bezogen auf die Teile mit rechteckigem Zuschnitt entspricht dies 44 % dieser Teilegruppe. Darüber hinaus sind vor allem winkelförmige und gekrümmte Aussparungen sowie gerade abgeschnittene Ecken für diese Teilegruppe von Bedeutung.

Zusammenfassend folgt aus diesen Werkstückanalysen, daß die rechteckige Form bei den Blechteilzuschnitten bei weitem überwiegt. Jedoch müssen auch andere Formen sowie Abweichungen von

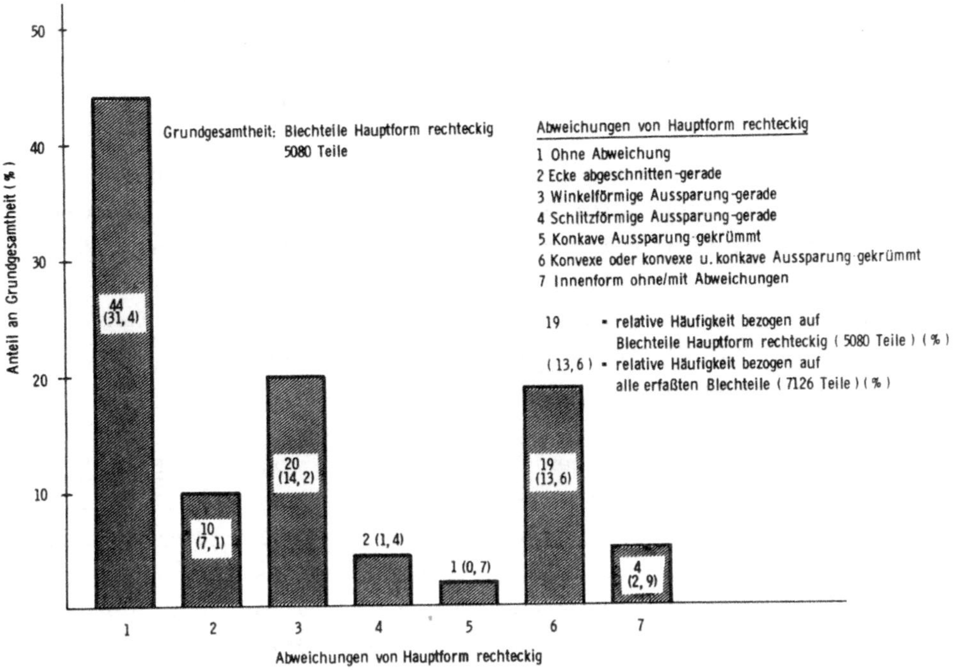

Bild 4: Häufigkeitsverteilung von Blechteilen - rechteckige Blechteilzuschnitte und Abweichungen

den Hauptformen in einem System zur zweidimensionalen Verschnittplanung berücksichtigt werden.

Neben der Werkstückgeometrie wird die Verschnittplanung auch durch die Fertigungsverfahren, die zum Trennen der Bleche eingesetzt werden, beeinflußt. Eine Befragung mehrerer Unternehmen ergab, daß Blechteile vor allem durch Brennschneiden, Scheren und Nibbeln hergestellt werden. Von der Anwendungshäufigkeit überwiegt bei weitem das Brennschneideverfahren. Nibbeln wurde in einem Unternehmen bei dünnwandigen Blechen mit unterschiedlichen Konturelementen eingesetzt. Das Scherverfahren war in allen der untersuchten Unternehmen vornehmlich zur Herstellung relativ großer, geradliniger Blechteile bis zu einer Blechdicke von 20 mm anwendbar, wurde aber bevorzugt für dünne Bleche eingesetzt. Als Steuerungsart überwog bei den Brennschneide- und Nibbelmaschinen die photoelektrische Steuerung. Eine numerische Steuerung war in zwei Unternehmen an Brennschneidemaschinen vorhanden. Die in den untersuchten Unternehmen verfügbaren Schermaschinen wurden manuell gesteuert /3/.

Die Steuerungsart der Maschinen beeinflußt direkt die in der Fertigung notwendigen Informationsträger. Da das Brennschneiden das Verfahren mit dem weitesten Anwendungsbereich und der größten Einsatzhäufigkeit darstellt, soll der Einfluß der unterschiedlichen Steuerungsarten auf die Informationsträger an diesem Verfahren aufgezeigt werden. Diese Betrachtung kann jedoch direkt auf die anderen Fertigungsverfahren übertragen werden.

Ausgehend von den Zuschnitten der Blechteile werden in Bild 5 notwendige sowie zusätzliche Arbeitsschritte zur Erstellung der unterschiedlichen Informationsträger für Brennschneidemaschinen aufgeführt. Hierbei werden als notwendig die Arbeitsschritte bezeichnet, die erforderlich sind, um ein Mindestmaß an Steuerungsdaten für die Maschinen zu erstellen. Die zusätzlichen Arbeitsschritte umfassen Tätigkeiten, die in einigen Unternehmen über das notwendige Maß hinaus in den Planungsbereichen zur Erstellung von Steuerungsdaten durchgeführt werden. Tätigkeiten der Arbeitsplanerstellung und Fertigungssteuerung wurden außer acht gelassen.

Für photoelektrisch gesteuerte Maschinen stellt die Erstellung der sogenannten Brennschablonen, d. h. einer Abbildung der Werkstückkontur, die mit Hilfe von Photozellen abgetastet wird, eine notwendige Tätigkeit dar. Da Ungenauigkeiten bei der Zeichnung direkt über die Maschinensteuerung übertragen werden, erfordert diese Tätigkeit eine hohe Präzision.

In einigen Unternehmen wird die Erstellung der Brennschablonen für photoelektrisch gesteuerte Maschinen deshalb automatisch durchgeführt. Mit Hilfe von vielfach speziell für dieses Problem von den Herstellern von Maschinensteuerungen entwickelten Programmiersprachen werden dazu die Teile unter Berücksichtigung des Umfahrsinnes und der Anfahrstrecken des Brenners beschrieben. Über Präzi-

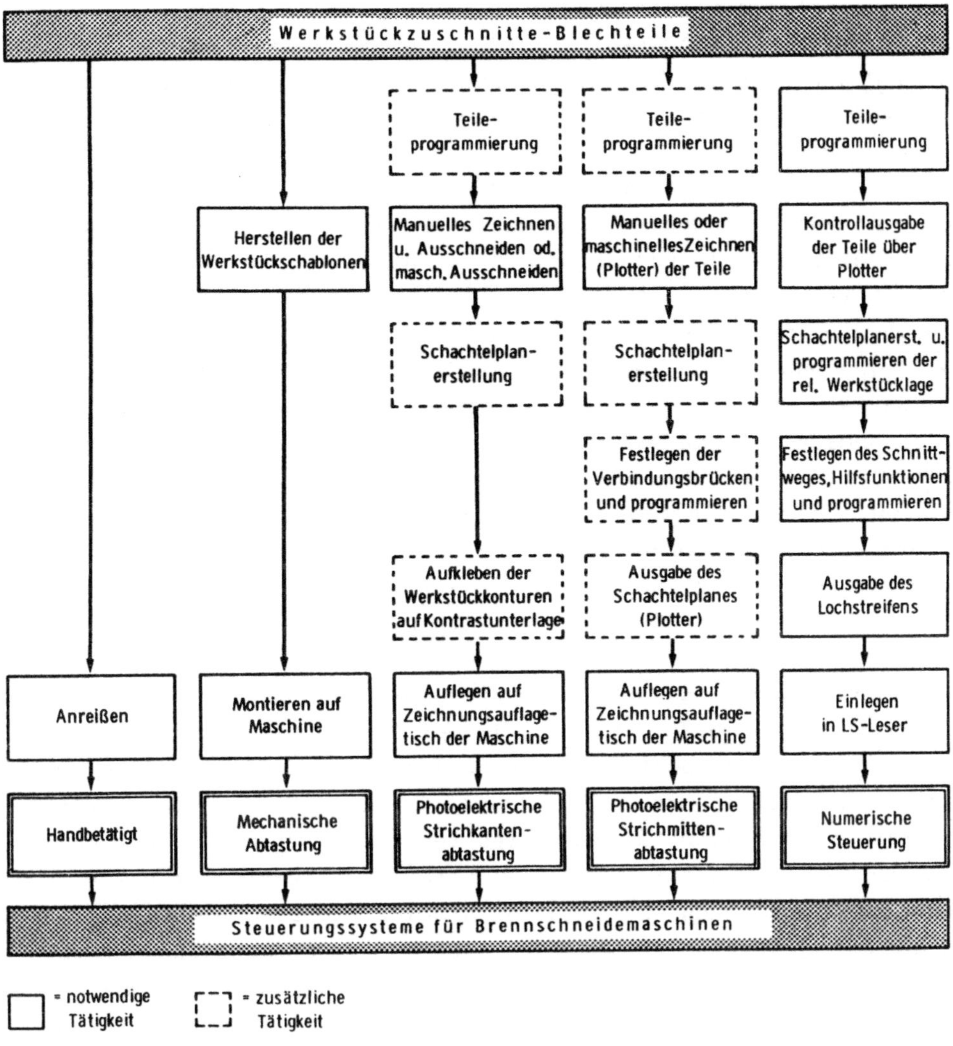

Bild 5: Einfluß der Steuerungssysteme von Brennschneidemaschinen auf die Verschnittplanung

sionszeichenmaschinen werden im folgenden Schritt die Werkstücke im erforderlichen Maßstab automatisch gezeichnet bzw. für das Kantenabtastverfahren mit Hilfe eines Schneidkopfes ausgeschnitten.

Eine zusätzliche Planungsmaßnahme stellt das Verschachteln der Werkstücke auf einer der Blechgröße entsprechenden Unterlage dar. In Bild 6 werden die derzeit bekannten Verfahren zur Verschachtelung von Blechteilen gegenübergestellt.

In den meisten Unternehmen wird die Verschachtelung der Blechteile dem Werkstattpersonal überlassen. In Ausnahmefällen ist man bereits dazu übergegangen, in der Arbeitsvorbereitung Blechteile verschnittminimal anzuordnen und das Ergebnis auf einem Schachtelplan zu dokumentieren. Auch dort erfolgt die Kombination der Teile manuell in der Art eines "Puzzlespiels", selbst wenn die Werkstückdaten bereits in programmierter Form vorliegen. Als Erfahrungswert eines Unternehmens muß für das manuelle Verschachteln einer Blechplatte mit einem Aufwand von ca. 2 Stunden gerechnet werden. Für diese Tätigkeit ist qualifiziertes Personal erforderlich, da hierbei nicht nur die verschnittminimale Anordnung der Werkstücke, sondern auch technologische Einflüsse des Brennschneidens berücksichtigt werden müssen.

Nach den im Rahmen dieses Forschungsprojektes durchgeführten Untersuchungen, werden zur Zeit in der Praxis keine anderen Methoden zur Verschachtelung von beliebigen Blechteilen eingesetzt. Einige Unternehmen setzen Programme zur automatischen Verschnittoptimierung von ausschließlich rechteckigen Formen ein. Sie werden zur Aufteilung der Rohbleche in rechteckige Blechstreifen verwendet, aus denen im folgenden Arbeitsgang Zuschnitte der Werkstücke gefertigt werden. Der ausgegebene Schachtelplan dient hierbei als Information des Werkstattpersonals und nicht als direkte Steuerinformation für die Maschine. Die Rechtecke werden hierbei über die Breite und Höhe beschrieben. Abweichungen von der Rechteckform können nicht erfaßt werden. Diese selbst erstellten Programme basieren auf Verfahrn der linearen Programmierung, wie beispielsweise der Simplex- oder Branch and Bound-Methode /7/17/18/ /19/. In einem der untersuchten Unternehmen des Maschinenbaus mit Einzel- und Kleinserienfertigung wurde durch den Einsatz eines derartigen Programms der Verschnitt der Rohbleche um knapp 10 % gesenkt. Entsprechend der eingangs dargestellten Werkstückanalyse (Bild 4) könnten diese Programme auch für etwa 30 % exakt rechteckige Blechteile direkt zur Verschnittminimierung von Werkstücken benutzt werden.

Durchführung der Verschachtelung	Ausführende Ableitung	Algorithmus zur Verschachtelung				Anwendung	Geltungsbereich- Werkstückzuschnitte
		Art	Bezeichnung	Integration in übergreifendes Planungssystem	Ebene von Handhabungshilfen		
manuell	Werkstatt	(heuristisch)	(Puzzle - Spiel)	-----	ohne	Trennen ohne Schachtelplan	beliebig
manuell	AV	heuristisch	" Puzzle - Spiel"	-----	ohne	Vorgabe eines Schachtelplans für Werkstatt	beliebig
rechnerunterstützt	AV	heuristisch	" Puzzle - Spiel"	ja	Manipulation von Werkstücken	rechnerunterstützte Schachtelplanerstellung, NC- Programmierung	beliebig
rechnerunterstützt	AV	heuristisch	" Puzzle - Spiel"	vorgelagert	Manipulation von Teilbereichen eines Schachtelplans	NC - Teileprogrammierung	beliebig
automatisch	AV	algorithmisch	Simplex - Methode, Branch and Bound - Methode	(nein) (siehe Geltungsbereich)	-----	Verschnittminimierung zur Herstellung von Blechstreifen oder rechteckigen Blechabschnitten	ausschließlich rechteckige Zuschnitte
automatisch	AV	algorithmisch	Simplex - Methode	ja	-----	Verschnittminimierung von Teilen	Umhüllen der Zuschnitte mit Rechtecken
automatisch	AV	algorithmisch	Monte- Carlo- Methode	ja	(Manipulation von Werkstücken)	Verschnittminimierung von Teilen Schneidplanerstellung	beliebig

Bild 6: Gegenüberstellung von Methoden zur Verschachtelung von Blechteilen

Die übrigen in Bild 6 aufgeführten Methoden stellen mit Ausnahme des letzten Verfahrens im Prinzip Modifikationen der beiden zuvor erläuterten Methoden dar. Sie wurden in jüngster Zeit von Software- oder Rechnerherstellern entwickelt.

Kennzeichen der beiden mit rechnerunterstützt charakterisierten Verfahren ist, daß zum Verschachteln das "Puzzle-Prinzip" angewendet wird. Bei der zuerst beschriebenen Methode wird das "Puzzeln" an einem Bildschirm im Dialog durchgeführt, indem die Werkstücke durch Funktionen wie Schieben oder Drehen manipuliert werden. Bei dem zweiten "rechnerunterstützten" Verfahren wird das "Puzzeln" von Teilegruppen manuell durchgeführt /20/. Der Schachtelplan wird beschrieben, indem die relative Lage der bereits gespeicherten Werkstücke festgelegt wird. Teilweise werden Handhabungshilfen bereitgestellt, so daß eine Kombination aus einigen Werkstücken automatisch durch beispielsweise Spiegeln mehrmals auf dem Rohblech angeordnet werden kann /21/.

Gegenüber dem manuellen "Puzzeln" stellen diese beiden Methoden einen großen Fortschritt dar, besonders wenn die Daten der Werkstückkonturen auch für andere Funktionen, wie die Erstellung von Brennschablonen für photoelektrisch gesteuerte Maschinen oder zur Steuerung von NC-Maschinen in rechnergerechter Form vorliegen.

Für die rechnerunterstützte Durchführung des "Puzzle-Spieles" spricht, daß der Mensch das Vermögen hat, in kürzester Zeit sinnvolle Schachtelkombinationen von Teilen optisch zu erkennen und durchzuführen. Die entsprechenden Programmsysteme haben im Vergleich zu algorithmischen Lösungen einen relativ geringen Umfang, jedoch werden qualifizierte Sachbearbeiter zur Durchführung der Verschachtelung gebunden. Auch kann die Lösung erheblich vom Optimum abweichen.

Das in Bild 6 in der zweitletzten Zeile aufgeführte Verfahren stellt eine Erweiterung der oben beschriebenen algorithmischen Verschachtelung von rechteckigen Formen mit Hilfe von Optimierungsverfahren der linearen Programmierung dar. Die Logik der Verschachtelung ist weitgehend identisch, d. h. es können nur rechteckige Formen verschachtelt werden. Deshalb werden alle Werkstückzuschnitte rechnerintern mit Rechtecken umhüllt. Die Werkstückkonturen werden jedoch exakt beschrieben, so daß direkte Steuerinformationen für photoelektrisch oder numerisch gesteuerte Maschinen erstellt werden können. Da ca. 70 - 80 % der Werkstückzuschnitte eine rechteckige Hauptform aufweisen (Bild 2), führt dieses Prinzip zu guten Lösungen. Ein Nachteil dieser bisher entwickelten Programme ist, daß Rechner mit einer großen Speicherkapazität notwendig sind /22/.

Beim letzten in Bild 6 aufgeführten Verfahren werden die Teile algorithmisch mit Hilfe der sogenanten "Monte-Carlo-Methode" kombiniert. Mit der "Monte-Carlo-Methode" wird ein Modell schrittweise auf der Basis stochastischer Verfahren einem Prozeß angeglichen. Auch bei diesem Programmsystem ist nachteilig, daß mit 128 K-Bytes eine relativ große Rechenanlage notwendig ist /23/.

Zusammenfassend folgt aus dieser Gegenüberstellung, daß zur Zeit in den Unternehmen eine laufende Planung der Verschachtelung nur in Ausnahmefällen manuell in der Art eines "Puzzle-Spiels" durchgeführt wird, da in Relation zu einer schwer abzuschätzenden Ersparnis durch Verringerung des Materialverschnitts und der unproduktiven Maschinenzeiten hierfür ein zu großer manueller Aufwand erforderlich ist.

In einigen Unternehmen wird angestrebt, die Kosten der Schachtelplanerstellung durch Nutzung des Wiederholeffektes auf eine größere Stückzahl umzulegen. Dies ist in den hier betrachteten Unternehmen nur möglich, wenn die Schachtelpläne den einzelnen Produkten bzw. Baugruppen zuzuordnen sind. Hierdurch wird jedoch die Wahrscheinlichkeit einer verschnittminimalen Anordnung, die mit der Anzahl der unterschiedlichen Werkstücke steigt, in starkem Maße eingeschränkt, zumal diese Pläne in der Regel für eine Auftragsstückzahl von eins erstellt werden. Auch reicht die Fläche der Blechteile einer Baugruppe meistens nicht aus, ein handelsübliches Rohblech auszufüllen. Um in diesen Fällen geometrisch einfache und damit gut weiterverwendbare Restbleche zu erhalten, strebt man bei einer baugruppenabhängigen Verschachtelung zusätzlich an, möglichst rechteckige Schachtelpläne zu bilden. Alle diese Bestrebungen führen aber zu einer relativ hohen Verschnittquote.

Durch eine auftragsunabhängige Werkstückverschachtelung kann der Verschnitt wesentlich gesenkt werden. Nur in sehr wenigen Fällen ist das nicht möglich, weil das Rohmaterial aufgrund von überbetrieblichen Vorschriften auftragsabhängig geprüft werden muß.

Eine auftragsunabhängige Verschachtelung aller Blechteile, die zu einem gewissen Zeitpunkt gefertigt werden müssen, führt aber zu einer ständigen Neuplanung der Schachtel- bzw. Schneidpläne, die manuell zu aufwendig ist. Deshalb ist eine auftragsunabhängige Verschachtelung nur durch Einsatz entsprechender Programmsysteme durchzuführen.

Nachteilig bei einer auftragsunabhängigen Verschachtelung ist, daß Blechteilzuschnitte nach dem Trennvorgang auftrags- und werkstückabhängig sortiert werden müssen. Doch kann diese Tätigkeit beispielsweise durch entsprechenden Einsatz der Markiereinrichtungen an Brennschneidemaschinen oder durch die automatische Ausgabe von organisatorischen Hilfsmitteln, wie Werkstücklisten der einzelnen Schachtelpläne, eventuell ergänzt mit einfachen Darstellungen der Zuschnitte beschleunigt werden.

Bei einer rechnerunterstützten Verschnittplanung besteht im gleichen Maße wie bei einer manuellen Verschachtelung das Problem der Restbleche. Je nach den zuvor aus einem Rohblech ausgeschnittenen Werkstücken und deren Anordnung können diese geometrisch sehr komplizierte Konturen aufweisen. In einigen Unternehmen werden bereits bei manueller Planung diese Restbleche konsequent genutzt. Durch diese Maßnahme konnte in verschiedenen Unternehmen des Maschinenbaus der Materialabfall von Blechen um etwa 8 % gesenkt werden /24/. Bei einem manuellen Planungssystem ist hierzu eine ständige Erfassung und Registrierung der Restbleche notwendig, die einen großen Aufwand zur Folge hat. Bei einem Programmsystem, das entsprechend ausgelegt ist, fallen diese Daten automatisch an und können weiter verarbeitet werden.

Unabhängig von der Methode der Verschachtelung von Teilen erfolgt die Programmierung der NC-Brennschneidemaschinen beim Einsatz weitgehend universal ausgelegter Systeme so, daß in speziellen Programmiersprachen über die Werkstückkonturen und relativen Lagen der Werkstücke hinaus die erforderlichen Steuerfunktionen beschrieben werden. Durch Bezug zu den geometrischen Daten des Schachtelplanes kann teilweise der Werkzeugweg automatisch abgeleitet werden. Bei maschinenunabhängigen Programmiersystemen muß eine Anpassung an die spezifischen Maschinendaten und die erforderliche Codierung erfolgen. Eine andere Möglichkeit besteht darin, einerseits direkt den Werkzeugweg zu beschreiben, andererseits direkt die maschinenspezifischen Daten zu berücksichtigen.

Schachtel- und Schneidplan sind sowohl von technologischen Einflüssen des Trennverfahrens als auch von Schnittstrategien abhängig, die je nach der Steuerungsart der Maschinen unterschiedlich sind. Außerdem wird der Schneidplan durch nachfolgende Bearbeitungsvorgänge beeinflußt. Die Vielfalt und Komplexität dieser Einflüsse soll anhand einiger typischer Beispiele erläutert werden.

Neben der geometrischen Aufgabenstellung, durch eine geeignete Anordnung der Teile den Verschnitt zu minimieren, muß ein Schachtelplan für das Brennschneiden so ausgelegt werden, daß vor allem bei dünnen Blechen ein Wärmestau vermieden wird. Ein Wärmestau kann zum Ausbeulen von Blechen oder zum Verzug der Teile führen. Durch Freilassen von Wärmebrücken zwischen Werkstücken kann die entstehende Wärme abgeführt werden.

Ein vergleichbarer Effekt ist auch zu erzielen, wenn die Werkstücke nicht in der Reihenfolge ihrer Anordnung auf dem Rohblech, sondern abwechselnd an flächenmäßig auseinanderliegenden Stellen ausgebrannt werden. Hierzu ist jedoch jeweils ein erneuter Positionier- und Lochstechvorgang erforderlich.

Bei NC-Brennschneidemaschinen laufen diese Vorgänge automatisch ab. Da im Eilgang positioniert wird, ist die Schnittunterbrechung nach Ausbrennen eines Werkstückes vorteilhaft. Bei photoelektrisch gesteuerten Maschinen hingegen strebt man an, alle verschachtelten Werkstücke ohne Schnittunterbrechung aus einem Rohblech auszuschneiden, da das erneute Positionieren manuell durchgeführt werden muß. Ein nicht unterbrochener Schnitt ist mit Verbindungsstegen zwischen Werkstücken zu erreichen, die ausgebrannt werden/25/.

Diese beiden Schnittstrategien können unterschiedliche Werkstücklagen zur Folge haben. Bei NC-Maschinen ist generell Flächenschluß zwischen benachbarten Werkstücken vorteilhaft, so daß mit einem Schnitt die Kanten zweier benachbarter Werkstücke ausgebrannt werden. Ein ununterbrochener Schnitt hingegen ist vielfach nur zu erreichen, wenn nebeneinanderliegende, parallel verlaufende Kanten zweier Werkstücke in zwei Schnitten ausgebrannt werden. Im Fall des Flächenschlusses zweier Werkstücke entspricht demnach der Abstand zwischen zwei Werkstücken der Schnittfugenbreite, während im zweiten Fall theoretisch mindestens die zweifache Schnittfugenbreite als Abstand erforderlich ist. In der Praxis liegt dieser Wert in der Regel über diesem Mindestabstand, damit noch ein Materialsteg die beiden Schnittfugen trennt.

Ein Einfluß durch nachfolgende Bearbeitungsvorgänge eines Werkstückes auf den Schneidplan ist z. B. dann vorhanden, wenn Teile mit großen Innenformen anschließend gebogen werden. In diesen Fällen wird die Innenkontur beim Herstellen der Zuschnitte nur teilweise ausgebrannt. Erst nach dem Biegevorgang werden die restlichen Materialstege getrennt, damit kein Verwerfen des Teiles auftritt. Diese Einflüsse müssen bei der Verschnittplanung berücksichtigt und die festgelegten Maßnahmen dem Fertigungsbereich mitgeteilt werden.

Aus den bisherigen Betrachtungen wird deutlich, daß ein Schachtelplan für die betrachteten Unternehmen unabhängig von der Steuerungsart der eingesetzten Maschinen ein sinnvolles Hilfsmittel zur Rationalisierung darstellt. Ein Schachtelplan kann je nach Steuerungssystem der eingesetzten Maschinen drei Aufgaben erfüllen (Bild 7), und zwar als

- notwendige Zwischeninformation zur Erstellung der Steuerinformationen für NC-Maschinen,
- direkter Informationsträger zur Maschinensteuerung von photoelektrisch gesteuerten Maschinen mit Strichmittenabtastung,
- ergänzende Information des Bedienungspersonals der Maschinen bei den übrigen Steuerungssystemen, Strichkanten- und mechanische Abtastung.

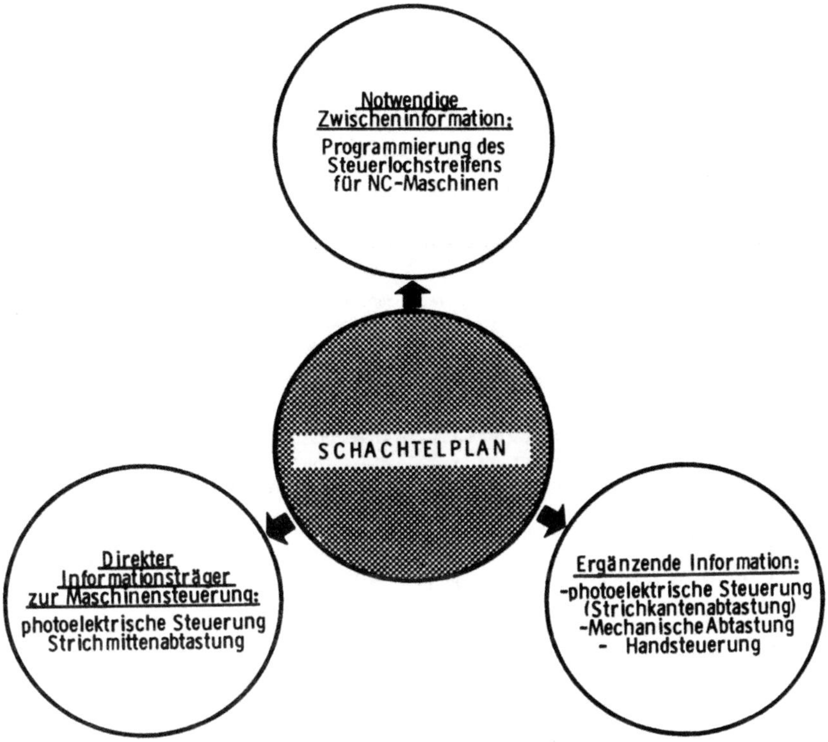

Bild 7: Der Schachtelplan als Informationsträger

Jeder dieser Anwendungsfälle erfordert eine Anpassung der Schachtelpläne hinsichtlich der enthaltenen Informationen, der Form und Genauigkeit der Darstellung sowie der technologischen Einflüsse.

Von dieser Analyse des Istzustandes ausgehend sollen im folgenden Anforderungen an ein System zur Verschnittplanung abgeleitet werden.

3. Anforderungen an ein System zur zweidimensionalen Verschnittplanung

Die Anforderungen an ein System zur zweidimensionalen Verschnittplanung für Unternehmen des Maschinen- oder Stahlbaus mit Einzel-, Klein- oder Mittelserienfertigung sind in Bild 8 zusammengestellt.

Anforderung an ein System zur zweidimensionalen Verschnittminimierung

- Einsatz für beliebige Werkstückzuschnitte und kleine Stückzahlen
- geringer Aufwand zur Beschreibung der Werkstückzuschnitte
- Einsatz für handelsübliche Rohbleche und beliebige Restbleche
- einfache problemorientierte Handhabung des Systems
- Einsatz für unterschiedliche Trennverfahren
- Einsatz für unterschiedliche Steuerungsarten von Maschinen
- Berücksichtigung technologischer verfahrensspezifischer Einflüsse beim Verschachteln der Werkstücke
- Erstellung von Schachtel- und Schneidplänen
- Ausgabe der direkten Steuerinformation für Trennmaschinen
- leichte Korrektur von Schachtel- u/o. Schneidplänen
- einfache Erweiterung des Geltungsbereichs des Systems
- vordringlich wirtschaftliche Lösung der Verschnittplanung
- Einsatz kleiner Rechenanlagen oder Datenstationen im Bereich der Arbeitsvorbereitung

Bild 8: Anforderungen an ein System zur zweidimensionalen Verschnittplanung

Neben den aus der Analyse der Verschnittplanung direkt abgeleiteten Anforderungen, die vor allem den Geltungsbereich eines entsprechenden Systems bestimmen, erscheinen folgende Anforderungen wesentlich.

Ein derartiges Programmsystem wird im Bereich der Arbeitsvorbereitung eingesetzt und von Sachbearbeitern angewendet, die vor allem Erfahrungen in technischer Hinsicht aufweisen. Deshalb muß die Handhabung problemorientiert sein. Es soll also keine spezielle Programmiersprache zur Eingabe der erforderlichen Daten erlernt werden, vielmehr muß sich die Dateneingabe an der bei einem manuellen Planungssystem üblichen Dokumentation der Informationen anlehnen. Darüber hinaus erscheint es zweckmäßig, die Eingabe dialogunterstützt durchzuführen, um unmittelbare Kontrollen und Korrekturen der Eingabedaten zu ermöglichen.

Eine automatische Verschnittplanung in Abhängigkeit der vielfältigen Einflüsse seitens Bearbeitungsverfahren und Steuerungsarten der Maschine erscheint nicht wirtschaftlich, da hierfür keine einfachen und zugleich praxisnahen Algorithmen erstellt werden können. Zweckmäßiger ist es, diese Besonderheiten durch den Sachbearbeiter direkt festlegen zu lassen. Aus diesem Grunde ist eine Eingabe dieser Daten im Dialog und eine einfache Korrektur der Schachtel- und Schneidpläne notwendig.

Diese technologischen Einflüsse bedingen ebenfalls, daß Teilfunktionen eines Systems zur Verschnittplanung in Abhängigkeit des Trennverfahrens und der Steuerungsart ausgelegt werden müssen. Hieraus resultiert die Forderung, das Gesamtsystem zur Verschnittplanung so aufzubauen, daß es je nach Anwendungsfall in begrenzter oder umfassender Form eingesetzt bzw. ausgebaut werden kann. Programmteile mit verfahrensspezifischen Einflüssen müssen deshalb modular strukturiert werden.

Dieser modulare Aufbau ist aber darüber hinaus für das Gesamtsystem anzustreben, damit kleine Rechenanlagen, wie beispielsweise sogenannte Kleinrechner als technische Hilfsmittel eingesetzt werden können. Maßgebend hierfür ist, daß die meisten Unternehmen, in denen ein derartiges Programm eingesetzt werden kann, relativ klein sind, so daß dem technischen Bereich vielfach keine ausreichende Kapazität auf einem Großrechner zur Verfügung steht. Zum anderen muß die Verschnittplanung kurzfristig durchgeführt werden, wobei direkte Kontrollen und eventuell Korrekturen der Eingabedaten sowie der Schachtel- und Schneidpläne zweckmäßig sind, um lange Durchlaufzeiten bei der Verschnittplanung zu vermeiden. Aus diesem Grund ist eine Dialogverarbeitung über Datenstationen oder mit Hilfe von Kleinrechnern notwendig.

Ausgehend von diesen wesentlichen Anforderungen sollen im folgenden die Hintergründe der Systementwicklung kurz dargestellt werden.

4. Entwicklung eines Systems zur zweidimensionalen Verschnittplanung

Zunächst wird das Gesamtsystem zur Verschnittplanung funktional abgegrenzt und in Teilfunktionen untergliedert. Den Teilfunktionen werden im folgenden Schritt die ausgewählten Lösungsprinzipien zugeordnet. Anschließend werden die entwickelten Programmsysteme der Verschnittplanung gegeneinander abgegrenzt.

4.1 Funktionen des Systems

Die Verschnittplanung für Blechteile stellt einen Tätigkeitskomplex im Rahmen der Auftragsabwicklung dar (Bild 9). In der Konstruktion und Arbeitsplanung besteht im Vergleich zu den übrigen Werkstücken eine Besonderheit der Blechteile darin, daß eine Abwicklung von räumlich gekrümmten Teilen, die durch einen Biegevorgang hergestellt werden, gezeichnet wird. Zusätzlich wird, sofern die Form der Abwicklung nicht mit der Form des Teils nach dem Trennvorgang übereinstimmt, der sogenannte Blechteilzuschnitt festgelegt und dokumentiert.

Vor der Verschnittplanung müssen bei einer auftragsunabhängigen Verschachtelung nach Festlegung der Fertigungstermine die Blechteile nach Termin, Werkstoff und Blechsorte sortiert werden.
Die Teilfunktionen der Verschnittplanung sind in der Abbildung aufgeführt.

Die Verschnittplanung setzt demnach nach dem oben genannten Sortiervorgang der Blechteilzuschnitte ein. Die Funktionen dieses Tätigkeitskomplexes werden zweckmäßig zwei aufeinanderfolgenden Teilsystemen zugeordnet, und zwar der Schachtelplan- und der Schneidplanerstellung (Bild 10).

Hierbei umfaßt die Schachtelplanerstellung die Teilfunktionen, die zur geometrischen Anordnung der Blechteilzuschnitte auf dem Rohblech erforderlich sind. Der Schachtelplan enthält mit Ausnahme der Schnittfugenbreite keine technologischen Informationen.
Er wird in graphischer Form ausgegeben.

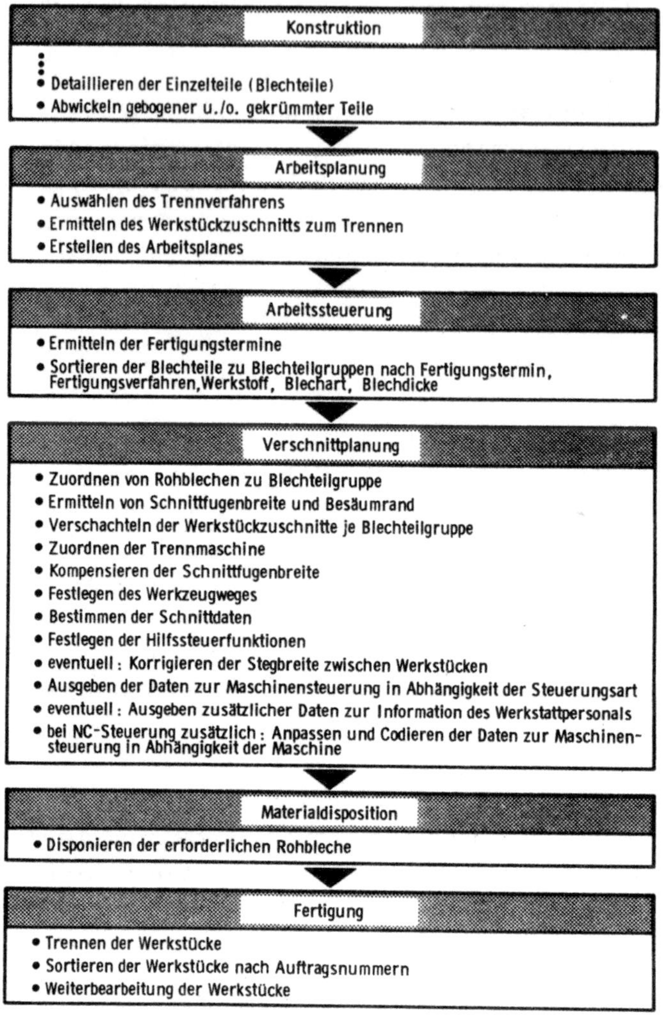

Bild 9: Funktionskette zur Fertigung von Blechteilen

Mit Schneidplan hingegen werden alle Informationen bezeichnet, die zur Steuerung der Trennmaschine notwendig sind. Form, Inhalt und Genauigkeit des Schneidplans sind deshalb abhängig vom Verfahren, von der Steuerungsart der Maschine und von maschinenspezifischen Parametern.

Dem unterschiedlichen Inhalt der Schneidpläne entsprechend sind auch nicht alle in der Abbildung aufgeführten Teilfunktionen

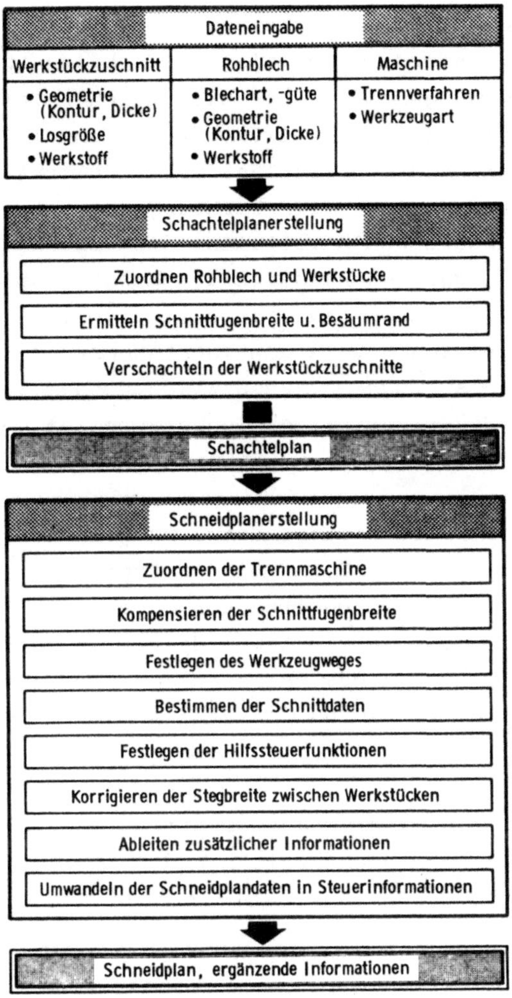

Bild 10: Gesamtsystem Verschnittplanung

der Schneidplanerstellung notwendig, um direkte Steuerinformationen für Maschinen auszugeben. Den komplexesten Fall stellen die Steuerinformationen für NC-Maschinen dar, da in diesen alle Brennerbewegungen hinsichtlich Richtung und Geschwindigkeit, sowie sogenannten Hilfssteuerfunktionen, wie beispielsweise Gaszufuhr, enthalten sind.

Außer den hierzu erforderlichen Funktionen wurde außerdem das Ableiten zusätzlicher Informationen als Teilfunktion in die Schneidplanerstellung aufgenommen. Die zusätzlichen Informationen sollen dem Bedienungspersonal als Hilfsmittel dienen. Sie umfassen vor allem einen sogenannten Schnittplan. Der Schnittplan stellt einen Schachtelplan dar, in den alle Werkzeugbewegungen in Verbindung mit einer symbolischen Darstellung der Geschwindigkeiten, d. h. Schnitt- oder Eilganggeschwindigkeit, eingezeichnet werden. Über den Schnittplan hinaus ist es möglich, auch die Werte der Geschwindigkeiten, sowie die Identnummern der verschachtelten Wekstücke auszugeben. Zusätzlich können auch die Zeiten, die zum Trennen des gesamten Rohblechs anfallen, ermittelt und dokumentiert werden.

Für photoelektrisch mit Strichmittelabtastung gesteuerte Maschinen sind nur die Werkzeugwege, bei denen eine Bearbeitung erfolgt, direkte Steuerinformationen. Schnittdaten oder Hilfssteuerfunktionen gehen hingegen nicht in den Schneidplan ein. Doch erscheint es zweckmäßig, auch diese Daten in Form der zuvor erwähnten zusätzlichen Informationen dem Bedienungspersonal bereitzustellen.

Demzufolge können alle in Bild 10 aufgeführten Teilfunktionen der Schneidplanerstellung - unabhängig von den konkret angewendeten Steuerungsarten der Maschinen - als Teilsystem der Verschnittplanung definiert werden.

4.2 Ausgewählte Lösungsprinzipien

Die Bearbeitung der definierten Teilfunktionen der Verschnittplanung mit Hilfe eines Programmsystems setzt voraus, daß hierfür geeignete Methoden angewendet werden. Hierzu wurden zunächst die möglichen Lösungsprinzipien den Teilfunktionen gegenübergestellt und anschließend mit Hilfe eines Bewertungsverfahrens ausgewählt /3/.

<u>Bild 11</u> zeigt die ausgewählten Lösungsprinzipien zur Erstellung von Schachtelplänen. Da die Dateneingabe vor allem unter den Aspekten eines geringen Beschreibungsaufwandes und einer problemorientierten Handhabung wesentlich die Wirtschaftlichkeit und Benutzerfreundlichkeit eines Programmsystems bestimmt, wurde sie zusätzlich als Teilfunktion aufgenommen.

Systemfunktionen				gewählte Lösungsprinzipien			
Schachtelplanerstellung	Eingeben	Werkstückdaten	Kontur	Abruf definierter Grundformen u. Abweichungen, Aktualisierung der Maße	Beschreibung elementweise	Abrufe gespeicherter Ident-Teile	
			Dicke Losgröße Werkstoff	freie Eingabe			
		Rohblechdaten	Kontur	Abruf Rechteckform und Aktualisierung der Maße	Beschreibung elementweise		
			Blechart, -güte Dicke Werkstoff	Auswahl aus vorgegebenen Alternativen	freie Eingabe		
		Verfahrensdaten		Auswahl aus vorgegebenen Alternativen			
	Verarbeiten	Zuordnen Werkstücke - Rohblech		direkte Vorgabe der Rohblechdaten			
		Ermitteln Schnittfugenbreite Besäumrand		Berechnung mit Hilfe Algorithmen			
		Verschachteln der Werkstücke		Algorithmische Kombination zu Rechtecken	Algorithmische Verschnitt-minimierung	Heuristische Kombination von Teilen	Abruf gespeicherter Teilekombinationen
		Korrigieren von Werkstücklagen		Heuristische Änderung der Werkstücklage			
	Ausgeben	Schachtelplan		Zwischenausgabe graphischer Informationen	Ausgabe graphischer Informationen		
		Werkstück-, Rohblechdaten		Zwischenausgabe graphischer Informationen	Ausgabe alphanumerischer Informationen		

☐ = verfahrensunabhängige Systemfunktion ☐ = verfahrensabhängige Systemfunktion

<u>Bild 11:</u> Ausgewählte Lösungsprinzipien zur Schachtelplanerstellung

Wie aus der Abbildung zu ersehen ist, wurden bei mehreren Teilaufgaben alternative Lösungsprinzipien ausgewählt. Bei der Dateneingabe haben diese zum Ziel, den Beschreibungsaufwand auf ein Mindestmaß zu reduzieren. Beispielsweise liegt es nahe, die hohe Anzahl der rechteckigen Blechteilzuschnitte nicht durch Beschreiben der Eckpunkte und Kanten, sondern als Rechtecke mit Höhe und Breite zu erfassen. Derartigen Möglichkeiten sind jedoch durch die Vielfalt der auftretenden Formen Grenzen gesetzt, so daß zum Erreichen des angestrebten Geltungsbereichs alternativ auch eine Werkstückbeschreibung über Konturelemente, d. h. Koordinaten der Eckpunkte und geometrisches Element zwischen den beiden Eckpunkten, vorgesehen wurde.

Verfahrensabhängige Teilfunktionen, die je nach den infrage kommenden Trennverfahren gesonderte Programmkomplexe bedingen, wurden in der Abbildung durch Raster gekennzeichnet. Ein Beispiel eines derartigen verfahrensabhängigen Programmkomplexes ist die Ermittlung der Schnittfugenbreite.

Zur Verschachtelung der Werkstücke auf dem Rohblech wurden vier Alternativlösungen ausgewählt. Wesentlicher Unterschied dieser Alternativen ist, daß sowohl eine algorithmische als auch eine heuristische Verschachtelung möglich ist. Bei der algorithmischen Verschachtelung wird eine Kombination von Teilen bzw. Verschnittminimierung nach festgelegten Regeln durchgeführt, so daß kein Eingriff des Benutzers notwendig ist. Bei der heuristischen Verschachtelung hingegen werden die Werkstücke durch einen Sachbearbeiter im Dialog mit dem Rechner auf dem Rohblech angeordnet.

Die ausgewählten Lösungsprinzipien zur Schneidplanerstellung sind in Bild 12 aufgeführt. Bis auf die Datenübergabe sind alle Teilfunktionen der Schneidplanerstellung verfahrensspezifisch. Eine detailliertere Betrachtung der Systemfunktionen zeigt jedoch, daß einzelne Programmbausteine, die der Manipulation von graphischen Elementen dienen, verfahrensunabhängig ausgelegt werden können.

Konzipiert wurde die Schneidplanerstellung aus den eingangs erläuterten Gründen für das Brennschneideverfahren. Doch sind die einzelnen Lösungen direkt auf andere Verfahren zu übertragen. Wegen der vielfältigen geometrischen und technologischen Einflüsse (Kapitel 3) soll der Schnittplan im Dialog des Sachbearbeiters mit dem Rechner festgelegt werden. Ausgehend von den Daten des Schnittplanes können die Zusatzinformationen für das Bedienungspersonal sowie der zur Maschinensteuerung notwendige Schneidplan algorithmisch abgeleitet werden.

Schneidplanerstellung

Systemfunktionen	gewählte Lösungsprinzipien	
Übergeben der Schachtelplandaten	rechnerinterne Übergabe	
Zuordnen der Trennmaschine	Auswahl aus vorgegebenen Alternativen	
Kompensieren der Schnittfugenbreite	Algorithmische Kompensation	
Festlegen des Werkzeugweges	Heuristische Festlegung	
Bestimmen der Schnittdaten	Algorithmische Berechnung der Schneidparameter	freie Eingabe
Festlegen der Hilfssteuerfunktionen	Heuristische Zuordnung	
Korrigieren der Stegbreite	Heuristische Änderung der Werkstücklage	
Ableiten zusätzlicher Informationen	Algorithmische Ermittlung	
Umwandeln der Schneidplandaten in Steuerinformationen	Algorithmische Zuordnung der Schneidplandaten	
Ausgeben zusätzlicher Informationen	Ausgabe graphischer Informationen	Ausgabe alphanumerischer Informationen
Ausgeben der Steuerinformationen	Ausgabe graphischer Informationen	

Bild 12: Gewählte Lösungsprinzipien zur Schneidplanerstellung

Da je nach Art der Maschinensteuerung unterschiedliche Schnittstrategien anzuwenden sind (Kapitel 3), kann eine Korrektur der im Schachtelplan festgelegten Werkstücklagen, d. h. der Stegbreiten zwischen benachbarten Werkstücken, erforderlich sein. Aus diesem Grund muß das Teilsystem zur Schneidplanerstellung mit dem System zur heuristischen Verschachtelung gekoppelt werden.

4.3 Notwendige und ausgewählte Rechnerkonfigurationen

Aus den gewählten Lösungsprinzipien lassen sich Rückschlüsse auf die erforderlichen Rechnerkonfigurationen ziehen.

Die Manipulation graphischer Elemente im Dialog setzt einen graphischen Bildschirm voraus. Beim heutigen Stand der Technik können der sogenannte interaktive Bildschirm mit Bildwiederholspeicher und der sogenannte passive Bildschirm mit Speicherbildröhre, sofern bei letzterem eine technische Einrichtung zur Idenfizierung von Elementen vorhanden ist, als funktional gleichwertig angesehen werden.

Mit beiden Gerätearten ist eine Manipulation graphischer Elemente im Dialog zu realisieren. Vorteile des interaktiven gegenüber dem passiven Bildschirm sind eine unmittelbare Reproduktion des Bildschirminhalts nach einer Änderung der dargestellten Informationen sowie die Möglichkeit, Elemente direkt mit Hilfe des sogenannten Lichtstiftes zu identifizieren. Beim passiven Bildschirm hingegen müssen nach Änderungen der auf dem Bildschirm gespeicherten Informationen die Daten erneut aufbereitet und dargestellt werden. Hierdurch tritt eine zeitliche Verzögerung zwischen Änderung und Darstellung auf. Graphische Elemente können bei diesem Gerät nur über ein durch den Benutzer steuerbares Fadenkreuz identifiziert werden. Jedoch ist der passive Bildschirm billiger in der Anschaffung. Kombiniert mit diesen Geräten ist heute in der Regel eine Tastatur zur Dateneingabe, so daß auch diese zur Eingabe verwendet werden kann.

Die erforderlichen Geräte zur Datenausgabe werden wesentlich durch die Art der jeweiligen Maschinensteuerung bestimmt. Photoelektrisch gesteuerte Maschinen setzen eine Dokumentation des Schneidplanes in graphischer Form voraus. Da Ungenauigkeiten der Darstellung direkt über die Steuerung auf den Brenner übertragen werden, sind Präzisionsplotter als Ausgabegeräte erforderlich. Die Plottergröße ist bei Verwendung handelsüblicher Rohbleche entsprechend der zugelassenen Darstellungsmaßstäbe ebenfalls durch die Maschinensteuerung vorgegeben. Aus Gründen der Genauigkeit wird bei photoelektrisch gesteuerten Maschinen vielfach ein Darstellungsmaßstab von 1 : 1 angewendet. Es existieren jedoch auch photoelektrisch gesteuerte Brennschneidemaschinen mit kleineren oder alternativen Maßstäben. Zur graphischen Ausgabe des Schnittplanes, der zur zusätzlichen Information des Werkstattpersonals dient, ist kein Präzisionsplotter und kein vorgegebener Darstellungsmaßstab notwendig.

Die Schneidplandaten für NC-Brennschneidemaschinen müssen in codierter Form auf einem maschinenabhängigen Datenträger gespeichert werden. Weitgehend üblich sind hierfür Lochstreifen, so daß ein

Lochstreifenstanzer eingesetzt werden muß.
Zur Ausgabe weiterer Zusatzinformationen in Form von Listen, wie z. B. einer Liste der in einem Schachtelplan enthaltenen Werkstücke oder der Schnittdaten, ist ein Drucker einzusetzen. Dieser gehört jedoch in der Regel zur Standardperipherie einer Rechenanlage.

Als nicht notwendig, aber bei großen Datenmengen nützliches Gerät zur Dateneingabe kann ein Lochkartenleser vorgesehen werden. Alternativen hierzu sind Geräte zur Dateneingabe auf anderen Datenträgern, wie Magnetbandkassetten u. ä. Diese Geräte werden zweckmäßigerweise dann eingesetzt, wenn die Eingabe und Kontrolle großer Datenmengen hierauf spezialisierten Mitarbeitern übertragen werden kann, so daß damit nicht die technischen Sachbearbeiter der Arbeitsvorbereitung belastet werden.

Aus den im Kapitel 3 bereits erläuterten Gründen sollen die Programme für kleinere Rechner ausgelegt werden. Der Einsatz dieses Rechners bedingt eine Splittung von Programmsystemen in kleine Programmbausteine unter Einsatz der Overlay-Technik. Hierbei werden die Programmbausteine auf einer Magnetplatte gespeichert und über spezielle Steuerprogramme, den sogenannten Overlays, in der erforderlichen Reihenfolge der Zentraleinheit übergeben. Der Vorteil dieser Technik liegt darin, daß auch relativ umfangreiche Programmsysteme mit Hilfe eines kleinen Rechners verarbeitet werden können. Der Magnetplatte kommt über die Speicherung der Programmbausteine hinaus auch der Funktion zu, Eingabedaten, d.h. vor allem Werkstückdaten, aufzunehmen.

An die Kleinrechner sind einige Anforderungen zu stellen, damit sie sinnvoll für die hier betrachtete Problemstellung eingesetzt werden können. Zum einen müssen die oben als notwendig aufgeführten Periphergeräte an den Rechner angeschlossen werden können. Darüber hinaus sind eine problemorientierte Programmiersprache und eine Dialogverarbeitung mit Hilfe einer Eingabetastatur in Verbindung mit einer Leuchtanzeige oder einem Bildschirm erforderlich, um eine einfache Handhabung zu gewährleisten /26/.

Aus diesen Ausführungen wird deutlich, daß unterschiedliche Rechnerkonfigurationen als technische Hilfsmittel zur Verschnittplanung eingesetzt werden können. Da eine Rechnerkonfiguration nicht ausschließlich zur Lösung des Verschnittproblems dient, wird die in der Praxis einzusetzende Rechnerkonfiguration von Anforderungen seitens anderer Programmsysteme und nicht zuletzt von Wirtschaftlichkeitskriterien beeinflußt. Außerdem ist beim heutigen Stand der Betriebssysteme von Rechenanlagen eine Kompatibilität der Programme nicht gewährleistet, so daß abhängig vom Rechnertyp eine Anpassung der Programmsysteme notwendig ist. Durch Definition von entsprechenden Schnittstellen in der Software kann lediglich erreicht werden, daß der Anpassungsaufwand verringert wird.

Aus diesen Gründen soll nicht die Beschreibung einer rechnerspezifischen Lösung der Verschnittplanung im Vordergrund dieses Berichtes stehen. Vielmehr wird das Schwergewicht auf die grundsätzliche Logik und Handhabung gelegt. Dabei kommt den entwickelten Programmen die Funktion zu, die Realisierbarkeit der Lösungen nachzuweisen.

Aus den gleichen Gründen wurden nicht nur eine, sondern zwei relativ extreme Rechnerkonfigurationen als technische Hilfsmittel zur Programmerstellung eingesetzt, und zwar

- ein Kleinrechnersystem von 8K-Byte (8 Bit) mit Eingabetastatur und Leuchtanzeige, sowie Magnetplattenspeicher, passivem graphischen Bildschirm, Thermodrucker und Plotter
- eine interaktive Rechnerkonfiguration von 32 K Worten (16 Bit) des Rechenzentrums der RWTH Aachen, mit interaktivem graphischem Bildschirm, Magnetplattenspeicher, Magnetbandeinheit, Eingabetastatur, Lochstreifenleser und -stanzer sowie Trommelplotter.

Die Zuordnung zwischen den ausgewählten Prinzipien zur Lösung der definierten Teilfunktionen und diesen Geräten ist aus <u>Bild 13</u> ersichtlich.

	Schachtelplanerstellung																				Schneidplanerstellung												
Systemfunktionen	Eingabe Werkstück-Daten				Eingabe Rohblech-Daten					Eingabe Verfahrensdaten	Zuordng. Werkstücke-Rohbleche	Ermittlg. Schnittfuge, Besäumrand	Verschachteln der Werkstücke			Korrigieren v. Werkstücklagen		Ausgeben Schachtelplan		Ausgeben Werkstück-, Rohblechdaten	Übergeben d. Schachtelplandaten	Zuordnen d. Trennmaschine	Kompensieren d. Schnittfugenbreite	Festlegen d. Werkzeugweges	Bestimmen der Schnittdaten		Festlegen d. Hilfssteuerfunktionen	Korregieren d. Stegbreite	Ableiten zusätzlicher Informationen	Umwandeln d. Schneidplandaten in Steuerinformationen	Ausgeben zusätzl. Informationen		Ausgeben d. Steuerinformationen
	Kontur			sonstige Daten	Kontur			sonstige Daten																									
Lösungsprinzipien / gewählte Rechnergeräte	Abruf def. Grundformen, Aktualisierung d. Maße	Beschreibung elementweise	Abruf gespeicherter ident. Teile	freie Eingabe	Abruf Rechteckform, Aktualisierung d. Maße	Beschreibung elementweise	Auswahl aus vorgeg. Alternativen	freie Eingabe	Auswahl aus vorgeg. Alternativen	direkte Vorgabe	Berechnung	Algorithmische Kombination	Algorithm. Verschnittminimierung	Heuristische Kombination	Abruf gespeicherter Teilekombinationen	Heuristische Änderung	Zwischenausgabe graph. Informationen	Ausgabe graph. Informationen	Zwischenausgabe graph. Informationen	Ausgabe alphanumer. Informationen	rechnerinterne Übergabe	Ausgabe aus vorgeg. Alternativen	Algorithmus	Heuristische Festlegung	Algorithmische Berechnung d. Schneidparameter	frei Eingabe	Heuristische Zuordnung	Heuristische Änderung	Algorithmus	Algorithmus	Ausgabe graph. Informationen	Ausgabe alphanumer. Informationen	Ausgabe graphischer Informationen
Lochkartenleser		1	1																														
Eingabetastatur	1	2	2	1	1	1	1	1	1	1																							
Alphanumerische Bildschirm	1	2	2	1	1	1	1	1	1	1																							
passiver graphischer Bildschirm																	1		1	1													
interaktiver graphischer Bildschirm	2	3	3	2	2	2	2	2	2	2				1	1	1	2		2	2		1		1		1	1	1			1	1	1
Magnetplatte			1-3																		1												
Drucker																				3												2	
Lochstreifenstanzer																		1													2		2
Plotter																		2													3		3
Kleinrechner	1	2	2	1	1	1	1	1	1	1	1	1	1				1	1	1	1,3													
Mittlerer Rechner	2	1,3	1,3	2	2	2	2	2	2	2	2			2	2	2	2	2	2	2,3	1	1	1	1	1	1	1	1	1	1	1-3	1,2	1-3

Bild 13: Zur Verschnittplanung eingesetzte Rechnergeräte

In der Abbildung wurden Alternativlösungen spaltenweise durchnumeriert und die hieraus resultierende Ziffer der jeweiligen Zentraleinheit nochmals zugeordnet. Der passive graphische Bildschirm der Kleinrechnerkonfiguration wird für die entwickelten Programme nur zur Zwischenausgabe von Informationen eingesetzt. Er beschleunigt daher zur Zeit den Programmdurchlauf und kann alternativ zu Plotter und Drucker verwendet werden. Jedoch ist von den technischen Möglichkeiten her dieses Gerät auch zur Manipulation von graphischen Elementen im Dialog geeignet.

4.4 Abgrenzung von Programmsystemen zur zweidimensionalen Verschnittplanung

Bisher wurde das System Verschnittplanung in die Teilsysteme Schachtel- und Schneidplanerstellung unterteilt. Diesen Teilsystemen wurden die entsprechenden Funktionen und ausgewählten Lösungsprinzipien zugeordnet.

Unter dem Aspekt des praktischen Einsatzes der Programmsysteme erscheint darüber hinaus eine weitere Unterteilung der Schachtelplanerstellung in zwei sich ergänzende, aber auch selbständig einzusetzende Programme zweckmäßig (Bild 14).

Das erste Teilsystem der Schachtelplanerstellung ist dadurch gekennzeichnet, daß die Verschachtelung und Verschnittminimierung der Blechteile auf dem Rohblech vollautomatisch erfolgt. Das Ergebnis dieses Teilsystems sind komplette Schachtelpläne.

Da das zur Verschnittminimierung verwendete Verfahren im Rahmen methodisch bedingter Grenzen zu einer Näherungslösung führt, kann der algorithmisch erstellte Schachtelplan noch verbessert werden. Hierzu wird als ergänzendes Teilsystem ein Programm zur Verbesserung des Schachtelplanes im Dialog entwickelt. Die hierzu notwendigen Handhabungsfunktionen zur Manipulation der Werkstücke im Dialog sind jedoch ohne Änderung auch dazu verwendbar, heuristisch neue Schachtelpläne zu erstellen. Aus diesem Grunde stellt das Teilsystem zur heuristischen Verschachtelung sowohl ein die algorithmische Verschachtelung ergänzendes System als auch ein

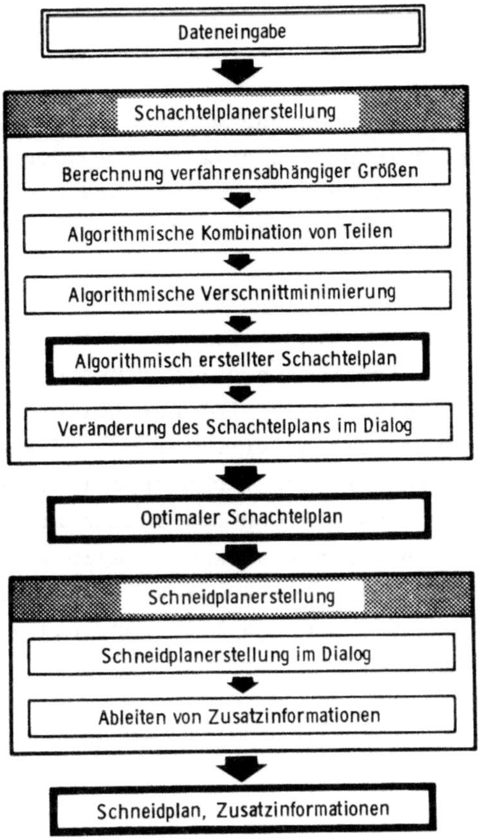

Bild 14: Systemkonzept zur zweidimensionalen Verschnittplanung

selbständig einzusetzendes Programm dar. Dieses Programm wird zusätzlich auch noch dazu verwendet, eine Korrektur der Stegbreiten zwischen benachbarten Werkstücken im Rahmen der Schneidplanerstellung durchzuführen.

In den Programmen wurde ausschließlich das Brennschneideverfahren berücksichtigt, wobei zusätzlich die notwendigen Schnittstellen zur Erweiterung der verfahrensabhängigen Programmbausteine vorgesehen sind. Ein Programmteil zur Anpassung allgemeingültig ermittelter Schnittdaten an die maschinenspezifischen Werte sowie zur Umwandlung der Steuerinformationen für NC-Maschinen in einen maschinenspezifischen Code wurde nicht realisiert, da Erstellung und Programmierung derartiger Postprocessoren heute zu den Routinearbeiten entsprechender Softwarehäuser gehören.

Im folgenden sollen die drei abgegrenzten Programmsysteme in der in Bild 14 dargestellten Reihenfolge erläutert werden. Da beide Programme zur Schachtelplanerstellung als selbständige Systeme erstellt wurden, sind einige Teilfunktionen von der grundsätzlichen Logik her gleich.

Deshalb soll mit Ausnahme der Dialogschnittstellen die grundsätzliche Logik dieser Teilfunktionen bei der Beschreibung des Programms zur algorithmischen Schachtelplanerstellung erläutert werden. Spezifische Besonderheiten der Programme, die auf verwendete Peripheriegeräte, Rechnergröße oder rechnerspezifische Einrichtungen zurückzuführen sind, werden bei beiden Programmen besonders hervorgehoben. Da bei der Programmerstellung der prinzipielle Nachweis der Realisierung von entwickelten Lösungen im Vordergrund stand, wurden auch nicht alle Lösungsprinzipien in jedem Programm realisiert.

5. Programm zur algorithmischen Schachtelplanerstellung

Das Programm zur algorithmischen Schachtelplanerstellung wurde auf dem im vorigen Kapitel gekennzeichneten Kleinrechnersystem programmiert. Kennzeichnend für dieses Programm ist, daß Teile zu Rechtecken kombiniert werden und eine Verschnittminimierung für rechteckige Formen mit Hilfe eines Verfahrens der linearen Programmierung, der Simplex-Methode, durchgeführt wird. Rechtecke wurden gewählt, weil 70 - 80 % der Blechteilzuschnitte bereits diese Form aufweisen (Kapitel 2) und Rechtecke einfach miteinander zu kombinieren sind. Damit das Programm jedoch nicht nur für rechteckige oder angenähert rechteckige Teile zu guten Lösungen führt, werden vor der algorithmischen Verschnittminimierung Werkstücke mit Hilfe spezieller Algorithmen zunächst zu rechteckigen Werkstückkombinationen verschachtelt. Dadurch ist es möglich, auch extrem von einem Rechteck abweichende Formen optimal zu verschachteln /3/.

Die Simplex-Methode wird zur Verschnittminimierung der Rechtecke eingesetzt, da - bedingt durch die Systemkonzeption - hierfür einfach das erforderliche Gleichungssystem algorithmisch abzuleiten ist. Zudem führt diese Methode mit vertretbarem Aufwand zu sehr guten Ergebnissen.

5.1 Übersicht über das entwickelte Programmsystem

Entsprechend der Abgrenzung des Systems zur Verschnittplanung wird vorausgesetzt, daß die Werkstückzuschnitte bereits auftragsunabhängig sortiert nach Terminen, Werkstoffen und Blecharten vorliegen.

Nach Eingabe der erforderlichen Daten, d. h. Trennverfahren, Rohblech- und Werkstückdaten, werden zunächst Teile, die definierten Grundformen zugeordnet sind, zu rechteckigen Kombinationen verschachtelt oder zu Rechtecken angenähert (Bild 15). Anschließend werden die ermittelten Rechtecke systematisch in mehreren Schritten kombiniert /17/.

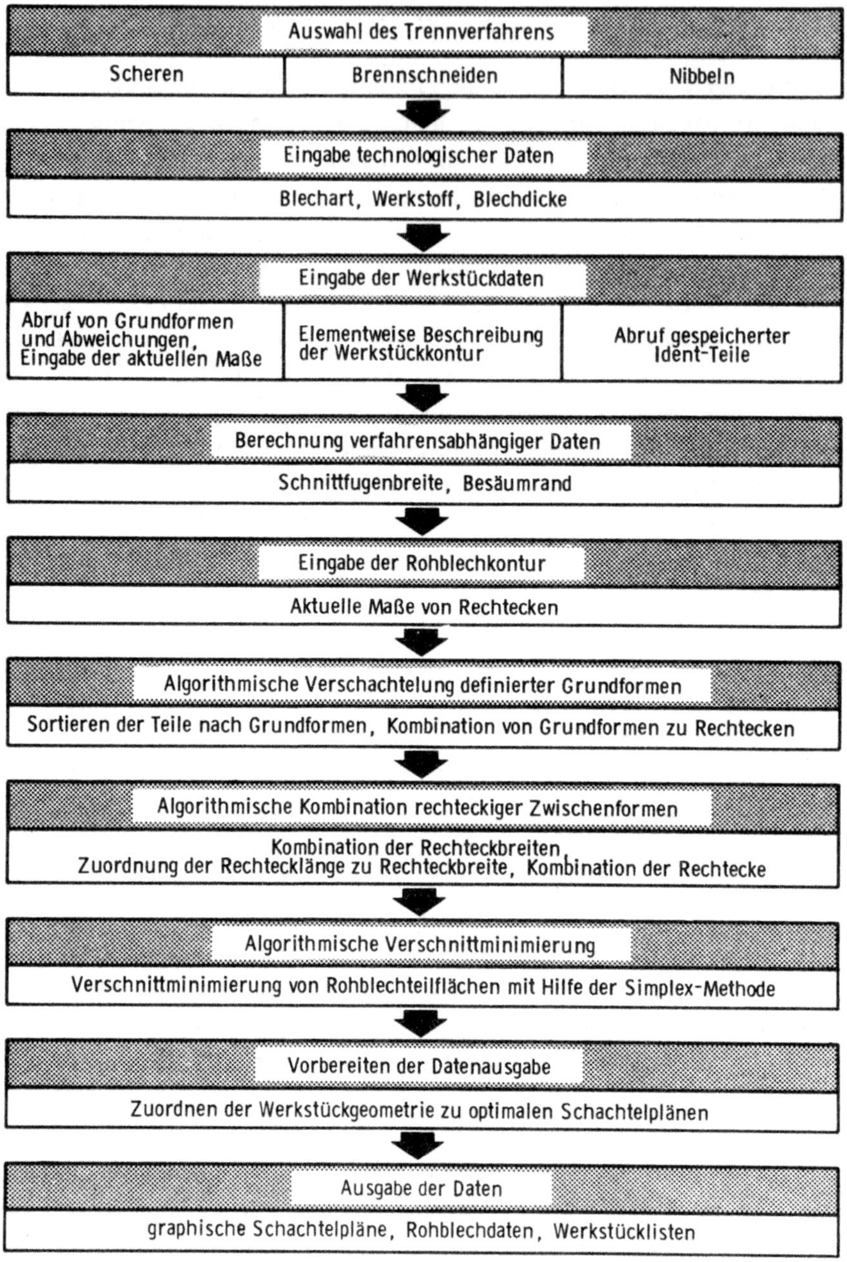

Bild 15: Programmsystem zur algorithmischen Verschachtelung von Werkstücken

Zunächst werden die möglichen Kombinationen zwischen Rechteckbreiten und Rohblechbreite ermittelt. Diesen sogenannten Breitenkombinationen werden im folgenden in iterativen Schritten die entsprechenden Längen der Rechtecke zugeordnet. Hieraus resultieren mit Rechtecken verschachtelte Teilflächen der Rohbleche, bei denen die Breite des Rohblechs ausgenutzt, die Länge jedoch wesentlich kleiner als die Rohblechlänge ist. Anschließend werden diese Teilfächen systematisch in die Rohblechlänge eingelastet. Aus den möglichen Kombinationen werden unter Berücksichtigung der Losgrößen die Werte zur mathematischen Formulierung des Gleichungssystems für den Simplex-Algorithmus abgeleitet. Mit Hilfe des Simplex-Algorithmus werden aus den vorgegebenen Alternativen die Kombinationen bestimmt, die den minimalen Verschnitt aufweisen. Durch Zuordnung der Werkstücke zu den Rechtecken werden anschließend die Schachtelpläne in graphischer Form ausgegeben.

Das Programmsystem ist so ausgelegt, daß in einem Rechnerlauf nicht nur ein Schachtelplan erstellt wird, sondern alle eingegebenen Werkstücke mit gleichem Werkstoff und gleicher Blechart algorithmisch auf theoretisch beliebig vielen Rohblechen verschachtelt werden. Eine praktische Grenze resultiert aus der gewählten Größe der erforderlichen Dateien.

Im Gegensatz zu dem Programm zur Schachtelplanerstellung im Dialog besteht bei diesem System die Einschränkung, daß nur rechteckige Rohbleche verarbeitet werden können. Restbleche müssen daher, sofern das Programm zur Schachtelplanerstellung im Dialog nicht eingesetzt wird, durch das vom Restblech umhüllte Rechteck beschrieben werden. Analog zu der im Programm enthaltenen automatischen Bestimmung der werkstückumhüllenden Rechtecke läßt sich hierzu auch eine Programmlogik erstellen, um von der effektiv vorliegenden Restblechkontur die entsprechenden Rechteckmaße abzuleiten. Diese Möglichkeit wurde nicht realisiert, weil wegen der vielfach stark von einem Rechteck abweichenden Restblechkonturen eine Verschachtelung im Dialog zweckmäßiger erscheint.

Außer den im folgenden näher beschriebenen Werkstückdaten werden Trennverfahren sowie Rohblechdaten, d. h. Blechart, Werkstoff, Blechdicke sowie Breite und Höhe der Rechteckkontur eingegeben.

Die Eingabe erfolgt über die Tastatur des Kleinrechners, wobei der Benutzer über die Leuchtanzeige geführt wird. Nach einem technisch realisierbaren Anschluß eines Lochkartenlesers kann die Dateneingabe auch über Lochkarten vorgenommen werden.

5.2 Werkstückbeschreibung und -eingabe

Eine besondere Bedeutung kommt im Rahmen eines Programmsystems zur Verschnittplanung der Werkstückbeschreibung zu. Einerseits wird durch den Aufwand, der mit der Werkstückbeschreibung, der Übertragung auf Datenträger und der Eingabe verbunden ist, maßgeblich die Wirtschaftlichkeit eines Programms bestimmt. Denn diese Tätigkeiten müssen, falls man eine Kopplung mit vorgelagerten Programmen außer acht läßt, manuell durchgeführt werden. Andererseits kann durch einen geringen Mehraufwand bei der Werkstückbeschreibung die Logik zur Verschachtelung vereinfacht und das Ergebnis wesentlich verbessert werden. Darüber hinaus besteht jedoch auch eine Anforderung an das Programmsystem darin, beliebige Werkstückzuschnitte einzugeben. Um diesen Kriterien gerecht zu werden, können die vier in Bild 16 charakterisierten Beschreibungsmöglichkeiten für Werkstückzuschnitte alternativ angewendet werden.

Blechteilzuschnitte werden zweckmäßig zweidimensional über die sogenannte Kontur mit zusätzlicher Angabe der über den gesamten Zuschnitt gleichbleibenden Blechdicke beschrieben. Kennzeichnend für die entwickelte Beschreibungsmethode ist, daß einmalig sogenannte Grundformen definiert werden. Diese Grundformen stellen beliebige zweidimensionale Gebilde dar. Durch diese wird die Art der Verbindungselemente, deren Reihenfolge und damit die Anzahl der Eckpunkte sowie in begrenztem Maße deren relative Lage festgelegt. Variabel sind die Maße der Konturelemente, d.h. die Koordinaten der Eckpunkte. Deshalb müssen bei dieser Beschreibungsform nur die jeweilige Grundform gekennzeichnet und die Maße der Kanten eingegeben werden.

Um die Grundformen eindeutig gegeneinander abzugrenzen, sind an einige Maße Bedingungen geknüpft, damit die charakteristische Form erhalten bleibt. Beispielsweise können rechteckige Teile mit

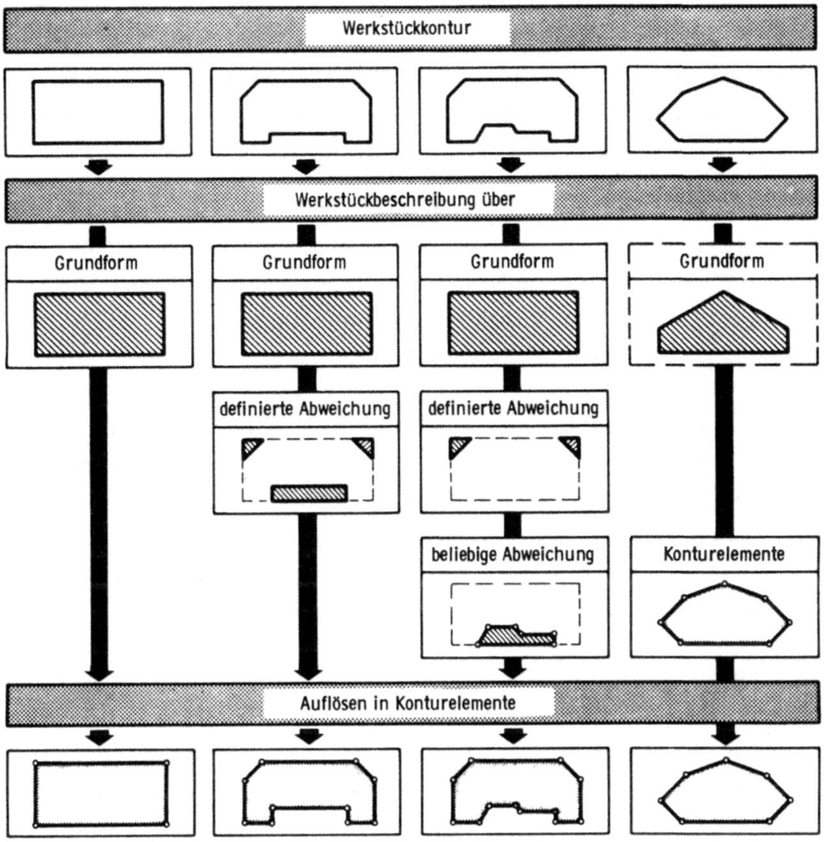

Bild 16: Möglichkeiten der Werkstückeingabe von Blechteilen

M-förmigem Einschnitt als Grundform definiert werden. Falls beliebige Maßvariationen dieser Grundform zugelassen sind, kann der M-förmige Einschnitt auch dachförmig nach außen geklappt werden. Ein solches Teil ist aber anders zu verschachteln als ein nach innen eingeschnittener Zuschnitt.

Es ist zweckmäßig, an die Grundformen mehrere derartige Bedingungen zu knüpfen, damit z. B. rechte Winkel erhalten bleiben. Diese Bedingungen erleichtern zum einen die Zuordnung von Werkstückzuschnitten und vereinfachen zum anderen die von den Grundformen abhängige Logik zur Verschachtelung von Teilen zu Rechtecken.

Beispiele für derartige Grundformen sind Rechteck, U-,A-, M-förmige Teile, Kreis u.a.m. Kriterien zur Definition einer Grundform sind die Häufigkeit, mit der diese Form in einem Unternehmen vorkommt, sowie die geometrische Abweichung von einer rechteckigen Form.

Die Häufigkeit einer Form stellt ein zweckmäßiges Kriterium dar, da die Struktur einer Grundform einmalig aufbereitet und im Rechner abgelegt werden muß. Zugleich werden von einer definierten Grundform Kriterien zur Verschachtelung abgeleitet und in eine entsprechende Logik zur Verschachtelung eingearbeitet.

Es ist zwar möglich, zur Verringerung des Eingabeaufwandes mehr Grundformen zu verwenden als zur Verschachtelung von Werkstücken, indem mehrere Grundformen zur Eingabe rechnerintern einer Grundform zur Verschachtelung zugeordnet werden. Jedoch verringert eine hohe Anzahl von definierten Grundformen die Übersichtlichkeit bei der Zuordnung von Werkstücken zur Dateneingabe.

Die Werkstückzuschnitte müssen nicht unbedingt über eine Grundform beschrieben werden. Wird keine Grundform angegeben, ordnet das Programm dem Werkstück automatisch eine rechteckige Grundform zu. Die Gründe hierfür liegen in der Häufigkeit , mit der Rechtecke in den betrachteten Unternehmen vorkommen (Kapitel 2.) und in der hieraus abgeleiteten Logik zur Verschachtelung. Aus diesem Grunde sollten über ein Rechteck hinaus gehende Grundformen wesentlich von der Rechteckform abweichen.

Bei Blechteilzuschnitten treten häufig kleine Abweichungen, wie abgeschnittene Ecken oder Ausklinkungen u. ä. auf. Um in diesen Fällen eine vereinfachte Eingabe zu ermöglichen, werden von Grundformen unabhängige Abweichungen definiert (Bild 16). Diese können an beliebigen Stellen und in theoretisch unbegrenzter Anzahl den Grundformen zugeordnet werden. Eine praktische Grenze der Anzahl ist durch die Größe der entsprechenden Dateien gegeben.

Auch bei den definierten Abweichungen ist die Art der Verbindungselemente, deren Reihenfolge, die Anzahl der Eckpunkte sowie in Grenzen die relative Lage von Eckpunkten festgelegt. Die geometrischen Daten einer Abweichung werden durch die Werte der einzugebenden Variablen bestimmt. Zusätzlich muß die relative Lage einer Abweichung eingegeben werden. Nach der gleichen Methode können auch Innenformen definiert werden.

Eine Erhöhung der Flexibilität des Systems wird dadurch erreicht, daß - ergänzend zu den beiden zuvor erläuterten Möglichkeiten - auch beliebige Abweichungen über Konturelemente beschrieben werden können (Bild 16). Konturelemente sind mathematische Kurven, wie Gerade, Kreisbogen usw. Diese Abweichungen werden über Koordinaten der Eckpunkte, die Art der Konturelemente, deren Reihenfolge, sowie zusätzliche über die relative Lage der Abweichung im Werkstück beschrieben.

Die flexibelste, aber zugleich auch die aufwendigste Art der Werkstückbeschreibung erfolgt ausschließlich über Konturelemente (Bild 16). Der Einsatz dieser Methode wird nur durch die vorgesehenen mathematischen Kurven begrenzt. Diese können jedoch beliebig erweitert werden.

Damit bei der Konturelementbeschreibung auch die auf Grundformen basierenden Algorithmen zur Verschachtelung von Teilen zu Rechtecken anzuwenden sind, soll bei diesen Zuschnitten zusätzlich eine das Werkstück umhüllende Grundform eingegeben werden. Dieser Mehraufwand bei der Dateneingabe ist gerechtfertigt, da hierdurch das Ergebnis der Verschachtelung wesentlich verbessert wird. Erfolgt keine Angabe der Grundform, wird das Werkstück automatisch durch ein Rechteck umhüllt.

Die vier erläuterten Möglichkeiten zur Werkstückbeschreibung sollen analog dem zunehmenden Aufwand zur Dateneingabe in der beschriebenen Reihenfolge angewendet werden. Dadurch wird es möglich, den Aufwand der Dateneingabe wesentlich zu senken. Diese entwickelte Beschreibungsmethode kann nicht mehr eingesetzt werden, falls Konturelemente nicht durch mathematische Funktionen eindeutig definiert werden können. Derartige Fälle werden in der Praxis äußerst selten vorkommen.

Aus der Vielzahl möglicher Grundformen, Abweichungen und Konturelementen wurde bei der Programmerstellung eine begrenzte Anzahl ausgewählt, da die prinzipielle Problemlösung im Vordergrund der

Arbeiten stand. Bild 17 zeigt die Grundformen, die zur Zeit mit dem entwickelten Programm verarbeitet werden können.

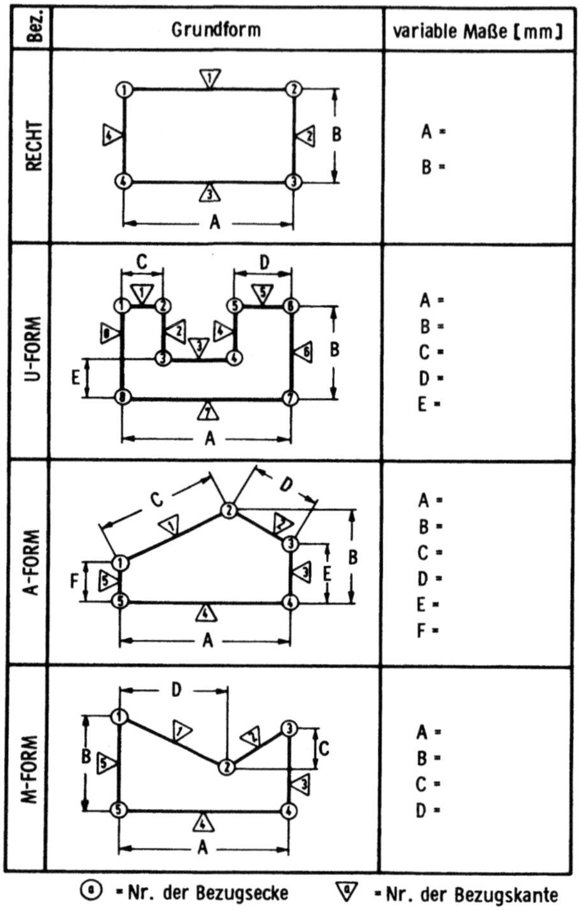

Bild 17: Grundformen zur Beschreibung von Blechteilzuschnitten

Zur eindeutigen Bestimmung der relativen Lagen von Abweichungen sind die Eckpunkte und Kanten von Grundformen entsprechend der Darstellung numeriert. Da die Eingabe bei diesem Programm über die Eingabetastatur vorgenommen wird, wobei der Benutzer durch Text auf der Leuchtanzeige geführt wird, muß die relative Lage der Abweichung durch Angabe der entsprechenden Nummern bestimmt werden. Ein der Abbildung entsprechendes Hilfsblatt ist daher für die Eingabe zweckmäßig. Wird der Eingabedialog rechnerunterstützt über einen graphischen Bildschirm abgewickelt, kann dieses Hilfsblatt entfallen. Hierbei besteht die Möglichkeit, Skizzen der Grundformen auf dem Bildschirm auszugeben und Abweichungen mit Hilfe des Fadenkreuzes oder direkt mit dem Lichtstift zu positionieren. In Bild 18 sind die derzeit programmierten Abweichungen aufgeführt. Innenkonturen wurden wegen ihrer geringen Häufigkeit (Kapitel 2.) nicht definiert.

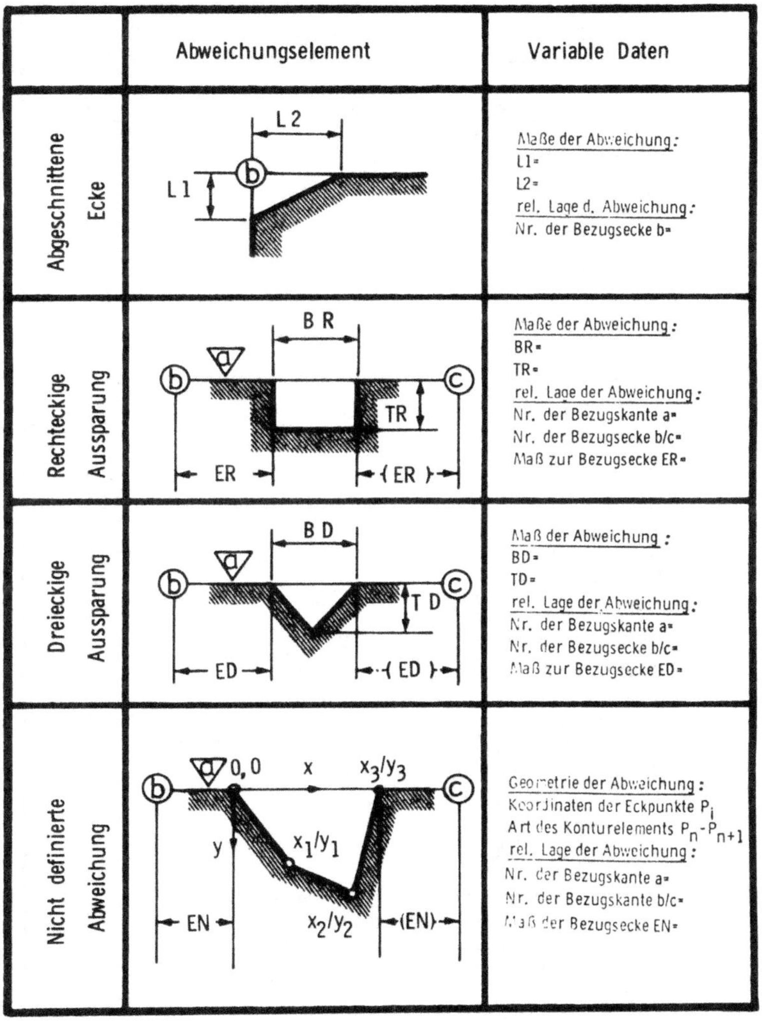

Bild 18: Abweichungen zur Beschreibung der Werkstückkontur

Mit Ausnahme der im Bild oben dargestellten "Abgeschnittenen Ecke" ist die relative Lage der Abweichung auf der Werkstückkontur durch Angabe der zugehörigen Bezugskante, einer Bezugsecke, sowie dem Maß zu dieser Bezugsecke bestimmt. Zur Beschreibung der Geometrie der Abweichungen werden die aus der Abbildung zu ersehenden Maße eingegeben. In Bild 19 ist die Werkstückbeschreibung über Grundform und definierte Abweichungen an einem Beispiel verdeutlicht.

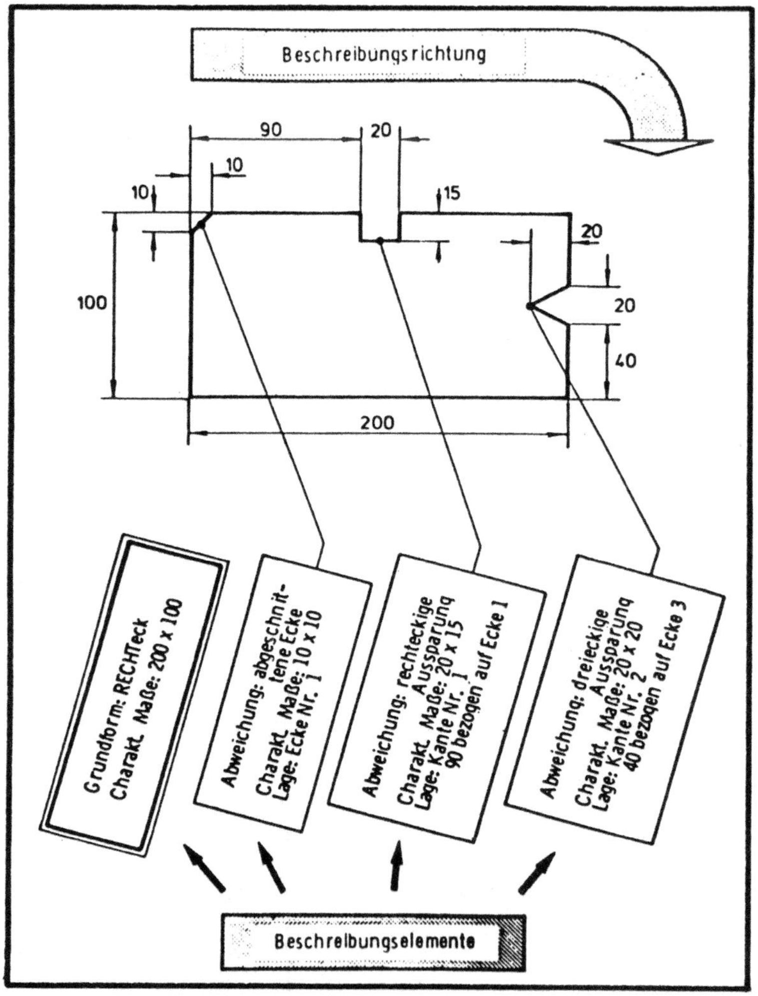

Bild 19: Beispiel zur Werkstückbeschreibung mit Hilfe von Grundformen und definierten Abweichungen

Der eingesetzte Kleinrechner ermöglicht, den Benutzer bei der Dateneingabe über die Leuchtanzeige zu führen. Hierbei ist vorteilhaft, daß über Plausibilitätskontrollen Eingabefehler unmittelbar bemerkt werden, so daß fehlerhafte Daten direkt verbessert werden können. Bild 20 verdeutlicht den Dialog zwischen Rechner und Benutzer am Beispiel des in diesem Fall über Drucker ausgegebenen Eingabedialoges für U-Formen und Abweichungen.

```
WERKSTOFF?ST35
 1     . WERKSTUECK
EINGABE-BESCHREIBUNG?UFORM
ABMESSUNGEN DER U-FORM
ABMESSUNGEN A UND B?200,100
ABMESSUNGEN C,D UND E?50,40,30
ABWEICHUNGEN VON DER GRUNDFORM?JA
WELCHE ABWEICHUNG?1
LAENGE 1?15
LAENGE 2?15
WELCHE ECKE?1
WEITERE ABWEICHUNGEN  (9=ENDE)  ?9
BLECHDICKE?15
MENGE?16
IDENT.-NR?123456
BEZEICHNUNG DES TEILES?WINKEL
```

Bild 20: Dialog zur Eingabe der Werkstückbeschreibung mit Hilfe von Grundformen und definierten Abweichungen

Ein Beispiel der Eingabebeschreibung für Werkstücke über Konturelemente ist in Bild 21 aufgeführt. Bei der realisierten Beschreibung werden die Koordinaten der Eckpunkte auf ein vom Benutzer festgelegtes, werkstückbezogenes Koordinatensystem bezogen.
Wie bei der Beschreibung des Programms zur Verschachtelung im Dialog (Kapitel 5.2) erläutert wird, kann durch eine laufende, rechnerinterne Transformation des werkstückbezogenen Koordinatensystems in den jeweiligen Endpunkt eines Konturelementes die manuelle Berechnung der Koordinatenwerte vermieden werden. Aus Bild 21 wird auch der Bezug des dargestellten Werkstücks zu einer entsprechenden Grundform, einer sogenannten A-Form verdeutlicht.

Neben der angewendeten Beschreibungsmethode und der Führung des Benutzers beim Dialog über die Leuchtanzeige kann der Eingabe-

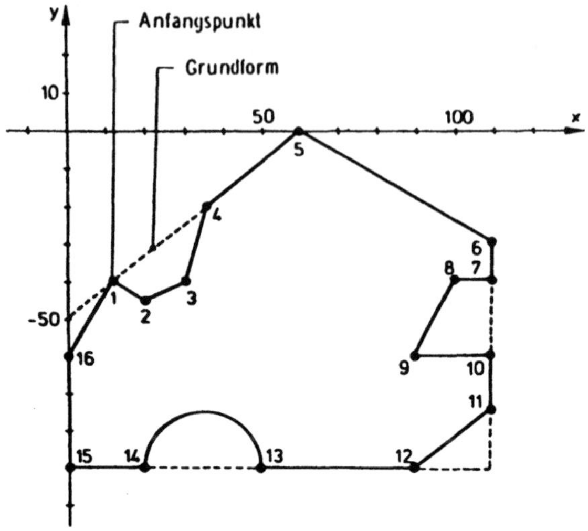

Punkt Nr.	Koordinaten X, Y		Konturelement
1	12	-40	Gerade
2	20	-45	"
3	30	-40	"
4	35	-20	"
5	60	0	"
6	110	-30	"
7	110	-40	"
8	100	-40	"
9	90	-60	"
10	110	-60	"
11	110	-75	"
12	90	-90	"
13	50	-90	"
14	20	-90	Kreisbogen
15	0	-90	Gerade
16	0	-60	"

Bild 21: Beschreibung von Blechteilzuschnitten über Konturelemente

aufwand außerdem durch die technischen Möglichkeiten des Kleinrechners verringert werden, indem sogenannten Special-Functions-Tasten über das Programm Eingabebefehle zugeordnet werden. Bild 22 zeigt die Maske, die zur Identifizierung der Tasten über das Funktionstastenfeld gelegt wird. Hierdurch sind für diese Beschreibungselemente keine Codewörter über die Eingabetastatur einzutippen. Sie werden über die jeweilige Funktionstaste direkt aufgerufen.

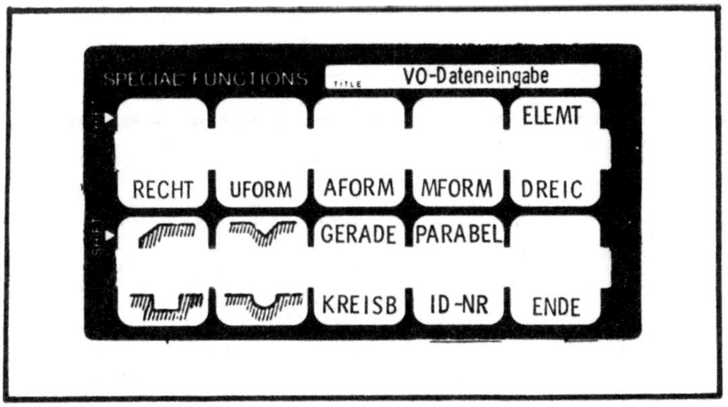

Bild 22: Maske zur Vereinfachung der Werkstückeingabe durch Belegen der Special-Functions-Tasten

Aus dieser Maske ist auch ersichtlich, daß auf Magnetplatte gespeicherte Werkstückbeschreibungen über die Identnummer aufgerufen werden können. Hierzu ist die vorgesehene Funktionstaste zu drücken und die Identnummer über die Eingabetastatur einzugeben.

Anzustreben ist, daß die Blechteilzuschnitte nur einmal beschrieben und auf Magnetplatte gespeichert werden. Bei Wiederverwendung eines Teils wird die Beschreibung über die Identnummer aufgerufen. Zusätzlich muß die Losgröße aktualisiert werden. In diesen Fällen wird der Eingabeaufwand minimal. Jedoch kann diese Eingabeart in Unternehmen mit Einzel- und Kleinserienfertigung bei einem Planungsvorgang nicht ausschließlich verwendet werden.

Nach der Eingabe werden die Werkstückdaten in drei untereinander verketteten Dateien gespeichert (Bild 23). Die erste Datei enthält Adressangaben der Werkstücke, wie Identnummer, Bezeichnung, Losgröße sowie die Speicheradresse der zugehörigen Werkstückbeschreibungsdaten. Diese Daten können wiederum in zwei verschiedenen Dateien gespeichert sein. Die zuerst dargestellte Datei nimmt die Beschreibung über Grundform und definierte Abweichungen auf. Außerdem werden hierin Blechdicke sowie die rechnerintern ermittelten Flächen der Werkstückkontur und Grundform abgelegt. Aus dieser Datei werden die zur Verschachtelung erforderlichen geometrischen Daten abgeleitet.

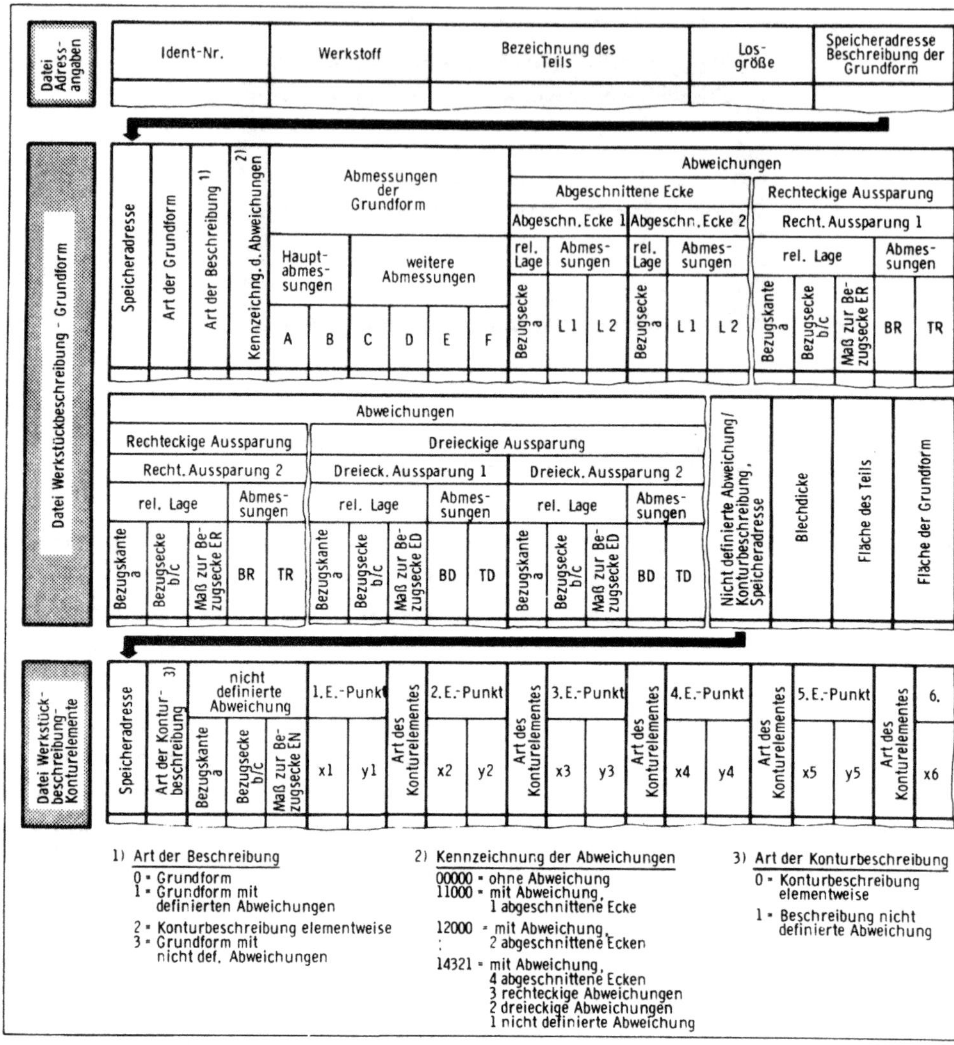

<u>Bild 23:</u> Dateien zur Speicherung der Werkstückdaten

In der dritten Datei werden die Konturelementbeschreibungen für beliebige Abweichungen oder ganze Werkstücke gespeichert. Die beiden Dateien, die die Werkstückkonturen enthalten, sind ebenfalls miteinander verbunden. Zur Erleichterung der Handhabung der Dateien werden rechnerintern Codierungen der Beschreibungsart sowie der Abweichungen abgeleitet und in der Grundformdatei gespeichert. Die Codierungen sind aus der Abbildung zu ersehen. In der Kennzeichnung der Abweichungen ist sowohl die Art als auch die Anzahl der Abweichungen verschlüsselt.

Damit der Benutzer über die Plausibilitätskontrolle bei der Eingabe hinaus eine Kontrolle der Werkstückkonturen vornehmen kann, erfolgt nach der Eingabe eine Zwischenausgabe. Hierzu werden maßstäbliche Darstellungen der Werkstückkonturen ohne Vermaßung sowie eine dazugehörige Liste mit den Abmessungen der Grundform, Blechdicke und Losgröße ausgegeben.

Wie aus dem in Bild 24 dargestellten Grobablauf zu ersehen ist, müssen zur Darstellung der Konturen Werkstückbeschreibungen über Grundform und definierte Abweichungen in Koordinatenwerte aufgelöst und transformiert werden. Außerdem wird den Eckpunkten die entsprechende mathematische Funktion des Konturelementes zugeordnet. Für jede Grundform wurde hierzu ein bestimmter Punkt als Nullpunkt eines werkstückbezogenen Koordinatensystems definiert.

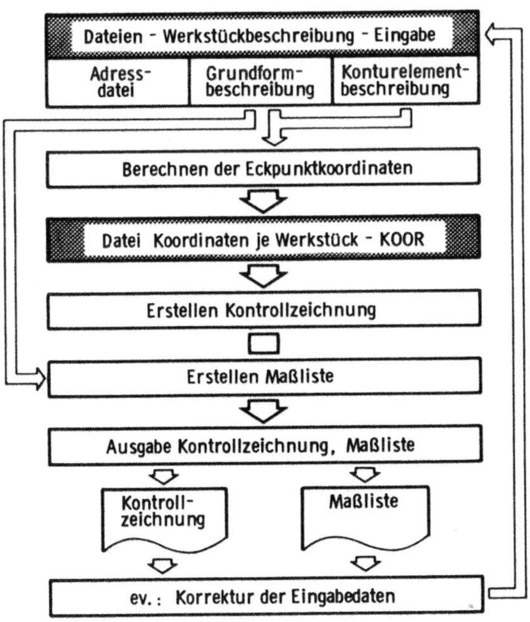

Bild 24: Umwandlung und Kontrolle der Eingabedaten

Auf diesen Nullpunkt werden die Koordinatenwerte der Kontur bezogen.

Eingegebene Konturelementbeschreibungen, die ein beliebiges Koordinatensystem aufweisen können, werden lediglich in das Koordinatensystem, das durch die zugeordnete Grundform gegeben ist, transformiert und gespeichert. Für jede der Grundformen und Abweichungen sind Unterprogramme vorhanden, in denen diese Umwandlung der Werkstückbeschreibung durchgeführt wird. Die Datei mit den Koordinatenwerten der Werkstücke wird an späterer Stelle auch zur Darstellung der Schachtelpläne benötigt.

Bild 25 zeigt Beispiele der zur Kontrolle ausgegebenen Werkstückdaten in Form von Darstellungen der Werkstückkonturen sowie einer Maßliste. Sie können über den graphischen Bildschirm oder über den Plotter und Drucker ausgegeben werden. Nach dieser Kontrollausgabe ist eine Korrektur der Werkstückdaten möglich.

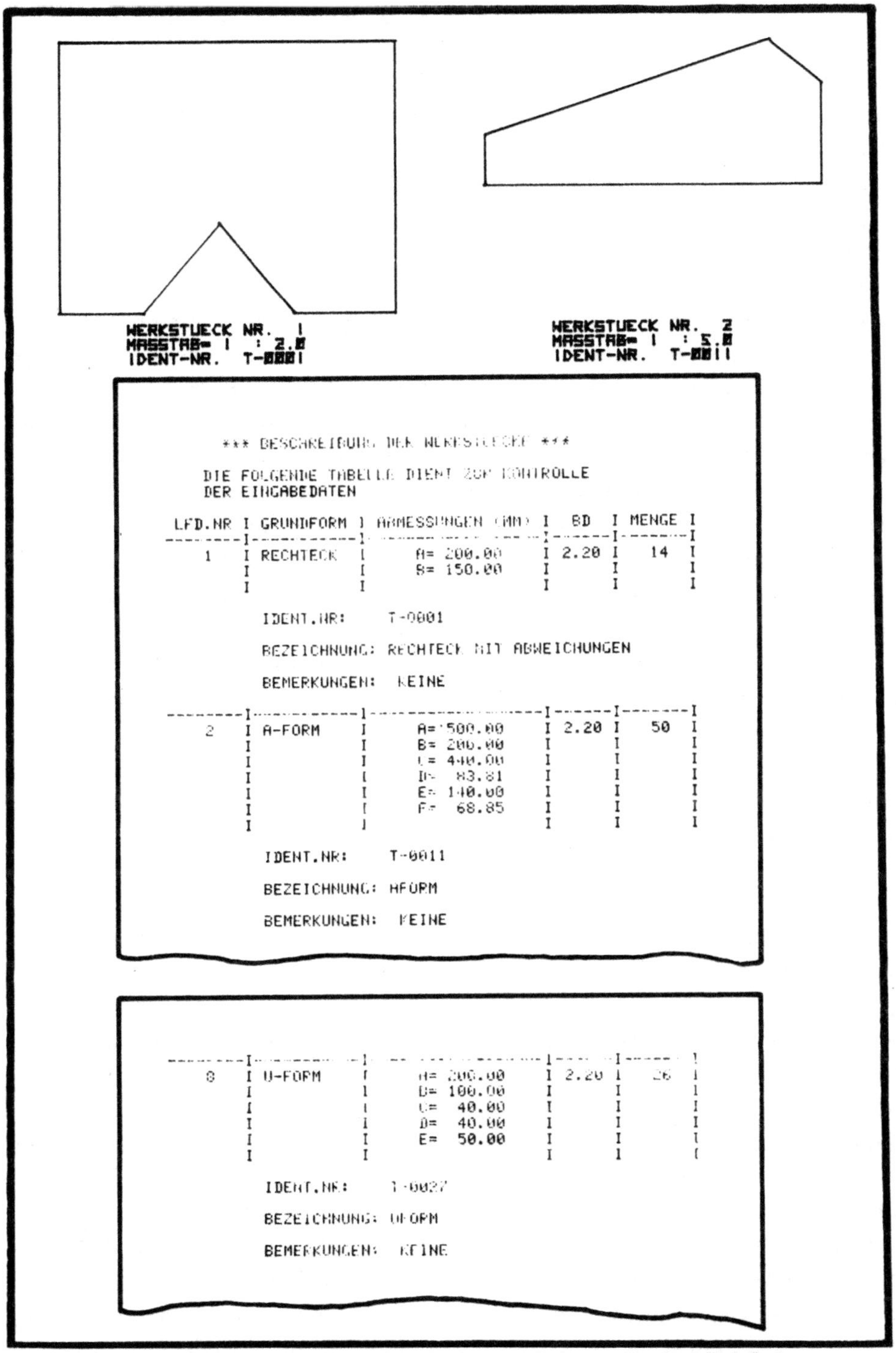

LFD.NR	GRUNDFORM	ABMESSUNGEN (MM)	BD	MENGE
1	RECHTECK	A= 200.00 B= 150.00	2.20	14

IDENT.NR: T-0001

BEZEICHNUNG: RECHTECK MIT ABWEICHUNGEN

BEMERKUNGEN: KEINE

LFD.NR	GRUNDFORM	ABMESSUNGEN (MM)	BD	MENGE
2	A-FORM	A= 500.00 B= 200.00 C= 440.00 D= 83.81 E= 140.00 F= 68.85	2.20	50

IDENT.NR: T-0011

BEZEICHNUNG: AFORM

BEMERKUNGEN: KEINE

LFD.NR	GRUNDFORM	ABMESSUNGEN (MM)	BD	MENGE
8	U-FORM	A= 200.00 B= 100.00 C= 40.00 D= 40.00 E= 50.00	2.20	26

IDENT.NR: T-0027

BEZEICHNUNG: UFORM

BEMERKUNGEN: KEINE

Bild 25: Ausgabe zur Kontrolle eingegebener Werkstückdaten

5.3 Algorithmische Verschachtelung von Teilen zu Rechtecken

Der erste Schritt zur algorithmischen Verschachtelung besteht darin, Werkstücke zu Rechtecken zu kombinieren. Die hierzu erstellte Logik basiert auf der Geometrie der Grundformen. Da die Grundform generell eingegeben werden soll oder bei Fehlen dieser Angabe als Rechteck definiert wird, vereinfacht sich die rechnerinterne Datenvorbereitung für die Verschachtelung wesentlich.

Läßt man den Aspekt der vereinfachten Dateneingabe durch definierte Grundformen außer acht, kann es zweckmäßig erscheinen, die Grundformen algorithmisch aus der Konturelementbeschreibung der Werkstücke abzuleiten. Da die Werkstückbeschreibung aber auf ein beliebiges Koordinatensystem bezogen sein kann, wobei zusätzlich in Relation zur Grundform Drehungen und Spiegelungen möglich sind, und beliebige Eckpunkte der Kontur als Anfangspunkt der Beschreibung gewählt werden können, sind hierfür besonders bei komplexen Grundformen eine Vielzahl iterativer Abfragen notwendig. Der damit verbundene große Rechenaufwand ist im Vergleich zu dem geringen Mehraufwand durch zusätzliche Eingabe der Grundform nicht gerechtfertigt. Die gewählte Methode ist daher unabhängig von der Rechnergröße zweckmäßig.

Vor der Verschachtelung von Teilen zu Rechtecken müssen zunächst die Werkstückdaten in geeigneter Weise sortiert werden (Bild 26). Darüber hinaus werden die geometrischen Daten aus der Werkstückbeschreibung abgeleitet, die zur Verschachtelung notwendig sind. Nach der Kombination der Teile werden die Daten der Rechteckkombinationen aufbereitet und zur weiteren Verarbeitung in zwei getrennten Dateien gespeichert. Hierbei dient eine Datei mit einer umfassenden Beschreibung der Werkstückkombination zum späteren Zeichnen der Schachtelpläne, während für die weiteren Schritte der algorithmischen Verschnittminimierung vor allem die Maße der Rechtecke, die die Kombination umhüllen, benötigt werden.

Die geringe Speicherkapazität des verwendeten Kleinrechners erfordert eine starke Einschränkung der Dateiengröße, so daß Werkstückdaten häufig in andere Dateien umgespeichert werden müssen. Bedingung zur Durchführung einer Werkstückverschachtelung ist, daß die Werkstücke gleiche Blechdaten aufweisen. In einem

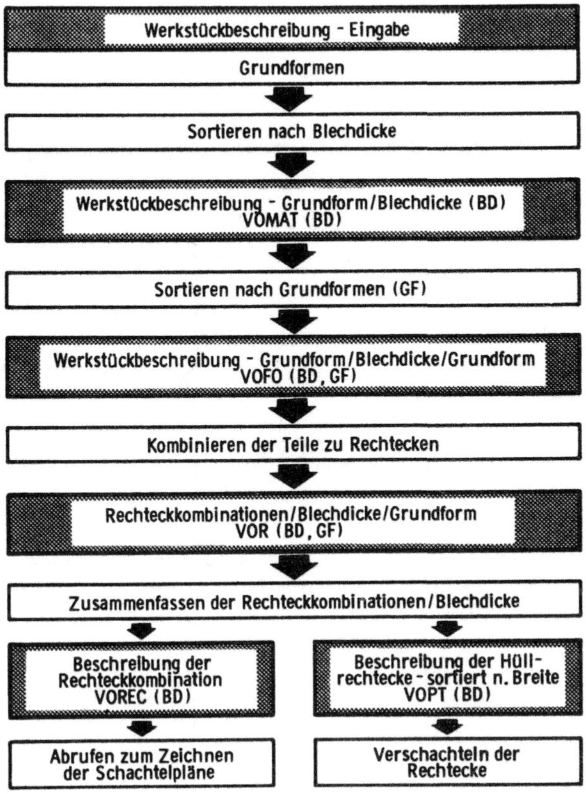

Bild 26: Grobablauf zur Kombination von Teilen zu Rechtecken

Rechnerlauf werden jedoch alle Werkstücke gleichen Werkstoffs und gleicher Blechart verarbeitet. Die Gleichheit dieser Daten wird über die Eingabe bzw. den Aufruf der Werkstückbeschreibungen gewährleistet. Darüber hinaus ist im Laufe des Programms eine Sortierung der Werkstückdaten nach Blechdicken erforderlich. Da die Logik zur Kombination von Teilen zu Rechtecken auf den Grundformen basiert, ist ein zusätzlicher Sortiervorgang nach Grundformen notwendig.

Bild 27 gibt einen Überblick über den prinzipiellen Aufbau der nach Blechdicke und Grundform geordneten Datei. Hierin sind die Werkstücke mit internen Speicheradressen identifiziert, so daß ein direkter Bezug zu den gespeicherten Werkstückdaten gegeben ist.

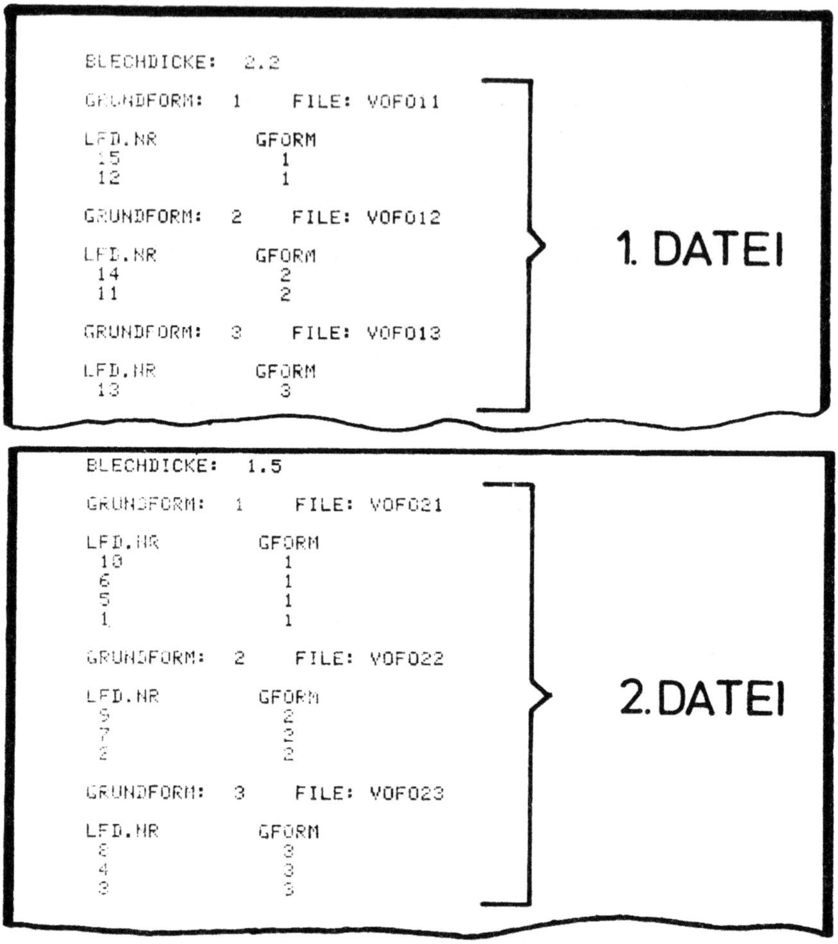

Bild 27: Prinzipieller Aufbau der Werkstückdatei VOFO, sortiert nach Blechdicke und Grundform

Zur Bildung der rechteckigen Teilekombinationen müssen in Abhängigkeit der Grundformen Algorithmen erstellt werden. Ausgehend von der genauen Beschreibung der Kontur des Blechteilzuschnitts wird zunächst eine Auswahl geeigneter Werkstücke durchgeführt. Unter Einbeziehung der Maße werden die Werkstücke darauf verschachtelt. Im Anschluß daran muß die Güte der Teilekombination anhand der Verschnittquote überprüft werden.

Es lassen sich eine Vielzahl theoretisch möglicher Kombinationen von geometrischen Formen zu Rechtecken aufstellen. Jedoch müssen durch die zu kombinierenden Werkstücke eine Reihe von geometrischen Bedingungen erfüllt werden, damit die Verschachtelung überhaupt möglich ist und außerdem noch zu einer geringen Verschnittquote führt. In Anbetracht dieses Aufwandes muß deshalb eine Beschränkung hinsichtlich der Art der Teilekombinationen angestrebt werden.

Aus den Ergebnissen der Häufigkeitsanalyse von Blechteilen (Kapitel 2) kann geschlossen werden, daß zum einen nur eine geringe Anzahl unterschiedlicher Kombinationstypen notwendig ist und zum anderen der größte Teil der Kombinationstypen unabhängig von betriebsspezifischen Einflüssen gleich sein muß.

Bei der Festlegung der Kombinationstypen ist eine Unterscheidung in die Kombination gleicher Teile mit einer Losgröße größer als eins und in die Verschachtelung unterschiedlich geformter Werkstücke zu einer rechteckigen Teilekombination zweckmäßig. Für die letztere Teilegruppe erscheint eine Beschränkung auf zwei unterschiedliche Teile sinnvoll, da die Verschachtelungsbedingungen hinsichtlich Form und Abmessungen von allen Werkstücken einer Kombination in gleichem Maße zu erfüllen sind. Mit zunehmender Zahl der unterschiedlichen Werkstücke in einer Kombination sinkt demnach die Wahrscheinlichkeit einer Rechteckkonfiguration mit einer ausreichend kleinen Verschnittquote. Jedoch ist auch die Verschachtelung einer größeren Anzahl von unterschiedlichen Werkstücken zu einer Rechteckkombination nach dem gleichen Prinzip zu realisieren.

Aus diesen grundsätzlichen Überlegungen folgt der in Bild 28 prinzipiell dargestellte Ablauf zur algorithmischen Aufbereitung der Werkstückdaten in Eingabedaten zur Verschnittminimierung von rechteckigen Formen. Bei der Kombination von Teilen zu Rechtecken kann durch Variieren der als Entscheidungskriterien aufgeführten Verschnittquote und Losgröße die Verschnittgüte und zugleich der

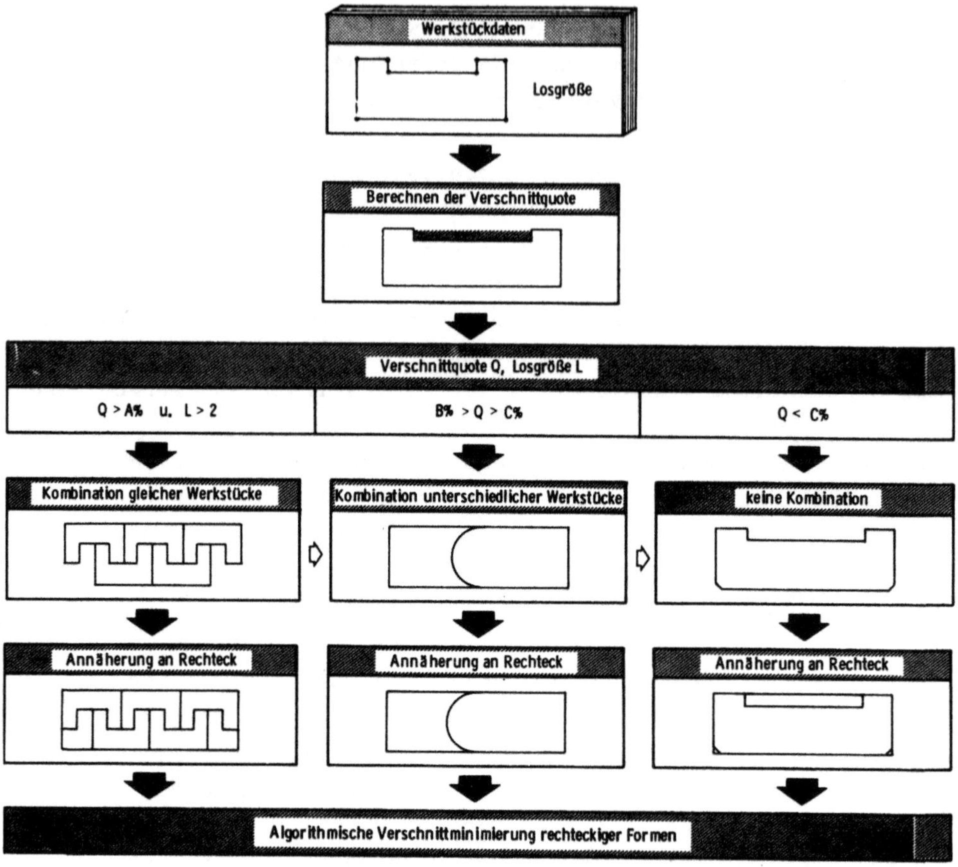

Bild 28: Prinzip der algorithmischen Verschachtelung definierter Grundformen

Rechenaufwand beeinflußt werden. Werkstücke, die aufgrund ihrer Form und Abmessungen den Bedingungen zur Bildung von Teilekombinationen nicht genügen, werden bei dieser Lösung unabhängig von der Verschnittquote als Rechtecke verschachtelt. Dies gilt auch generell für Werkstücke, deren Verschnittquote bezogen auf das sie umhüllende Rechteck unter einem festgelegten Wert liegt.

Zur automatischen Kombination von Teilen zu Rechtecken wurden in Abhängigkeit der Grundformen Typen von Rechteckkombinationen definiert, die Bild 29 für die im Programm zugelassenen Grundformen zeigt. Über die im Programm realisierten Kombinationen hinaus lassen sich auch für diese Grundformen noch weitere Kombinationstypen ableiten. Beispielsweise stellt die Verschachtelung eines U-förmigen Teils mit einem Rechteck eine derartige Kombination dar, die noch zusätzlich auf die Kombination des Rechtecktyps 10 mit einem U-förmigen Teil ausgedehnt werden könnte.

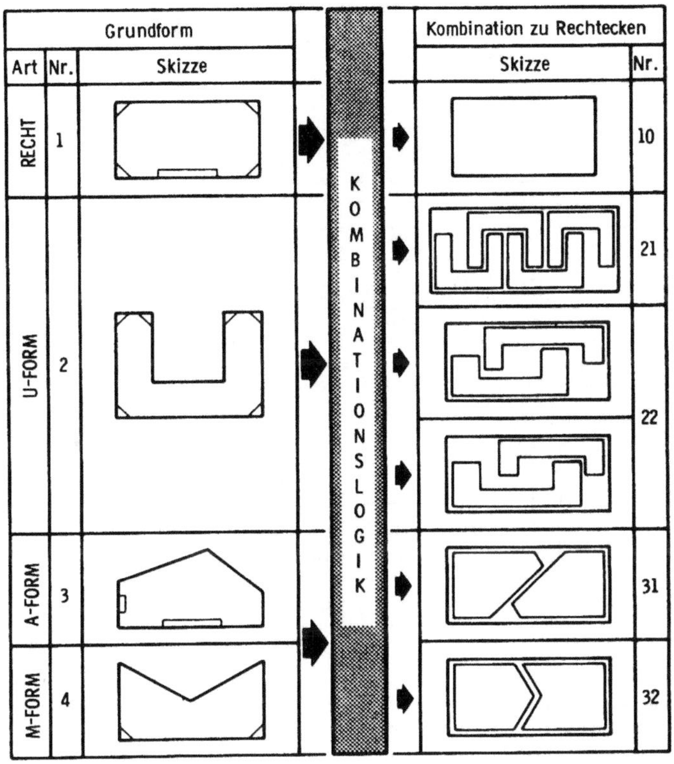

Bild 29: Typen von Rechteckkombinationen mehrerer Teile

Aus den Rechteckkombinationen, den sogenannten Rechtecktypen, lassen sich Bedingungen ableiten, wann die Kombination geometrisch möglich und hinsichtlich des anfallenden Verschnitts zweckmäßig ist. Kriterien und Entscheidungsparameter sind hierbei geometrische Werkstückdaten, zum Teil in Verbindung mit einem festgelegten Streubereich, Losgröße, Verschnittquote der Kombination sowie die Abmessungen des sich ergebenden Rechtecks.

Die zur Verschachtelung notwendigen geometrischen Größen werden ausschließlich aus den Daten der Grundformen abgeleitet (Bild 30). Über die gespeicherten Werte hinaus müssen hierzu in Abhängigkeit von der Grundform spezielle Daten, wie Abmessungen oder Winkel, ermittelt werden, die für die Verschachtelung entscheidend sind.

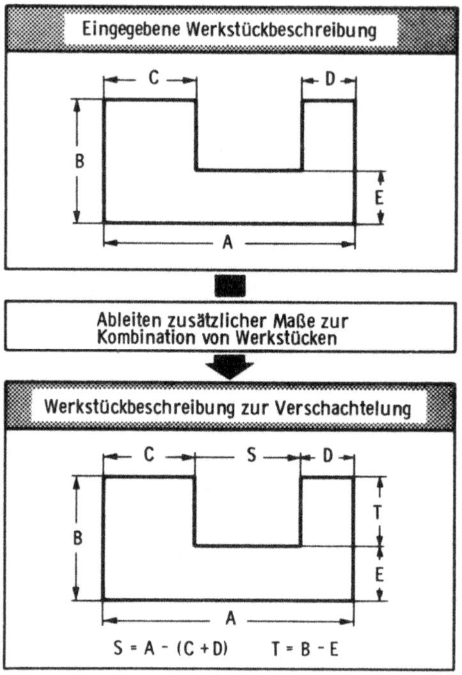

Bild 30: Ableiten zusätzlicher Daten zur Verschachtelung von Werkstücken zu Rechtecken

Bild 31 verdeutlicht am Beispiel der Kombination gleicher U-förmiger Teile den Ablauf der Verschachtelungslogik. Zunächst wird in Abhängigkeit der Blechdicke die Schnittfugenbreite berechnet. Im Programm ist hierzu für das Brennschneiden eine Funktion mit der Blechdicke als Parameter enthalten. Im folgenden Schritt wird die Verschnittquote der Grundform in bezug auf die Fläche des Hüllrechteckes bestimmt. Liegt die Verschnittquote unter einem bestimmten Wert, in diesem Fall unter 10 %, wird das Teil zu einem Rechteck angenähert.

In Abhängigkeit der Losgröße und der geometrischen Bedingung zur Verschachtelung, in die auch die Breite der Schnittfuge eingeht, werden darauf gleiche U-förmige Werkstücke zu Rechtecktyp 21 (Bild 29) kombiniert. Eine Grenze dieser Kombination stellen festgelegte Werte der Länge und Breite der Rechteckkombination dar. Hierdurch wird vermieden, daß bei einer hohen Stückzahl und großen Teilen Kombinationen gebildet werden, die die Maße des Rohbleches überschreiten. Diese Maße sind deshalb auf die eingegebenen Abmessungen der Rohbleche bezogen.

Die Daten der Kombinationen, wie Anzahl gleicher Kombinationen, Art und Anzahl der darin enthaltenen Werkstücke usw. werden ermittelt und mit Adressdaten des Werkstückes abgespeichert. Werkstücke, die je nach dem Wert der Losgröße und den durch die Kombination gegebenen Bedingungen nicht in den gebildeten Kombinationen enthalten sind, werden weiter verschachtelt.

Mit anderen Bedingungen hinsichtlich Geometrie und Losgröße wird darauf ein vergleichbarer Algorithmus für den Rechtecktyp 22 (Bild 29) durchlaufen. Bei diesem Typ sind im Gegensatz zu dem zuvor erläuterten Ablauf nur zwei gleiche Werkstücke je Rechteckkombination zugelassen. Nachdem dieser dargestellte Algorithmus abgearbeitet ist, werden verschiedene U-förmige Teile zu Rechtecken kombiniert.

In diesem Ablauf ist aufgrund der Anordnung der Entscheidungen bereits eine Verschachtelungsstrategie enthalten. Denn zunächst wird versucht, möglichst viele Teile über eine Logik miteinander zu kombinieren. Da die Teile in diesem Fall geometrisch identisch sind, und dieser Rechtecktyp generell zu einer guten Verschachtelung führt, ist zum einen der Rechenaufwand sehr gering. Zum anderen ist der Rechtecktyp 21 dem Rechtecktyp 22 wegen des auftretenden Verschnitts vorzuziehen.

Bei der Verschachtelung unterschiedlicher U-förmiger Teile bestehen mehr Freiheitsgrade zur Kombination als bei der Verschachtelung gleicher Teile. Bei unsymmetrischen U-förmigen Teilen

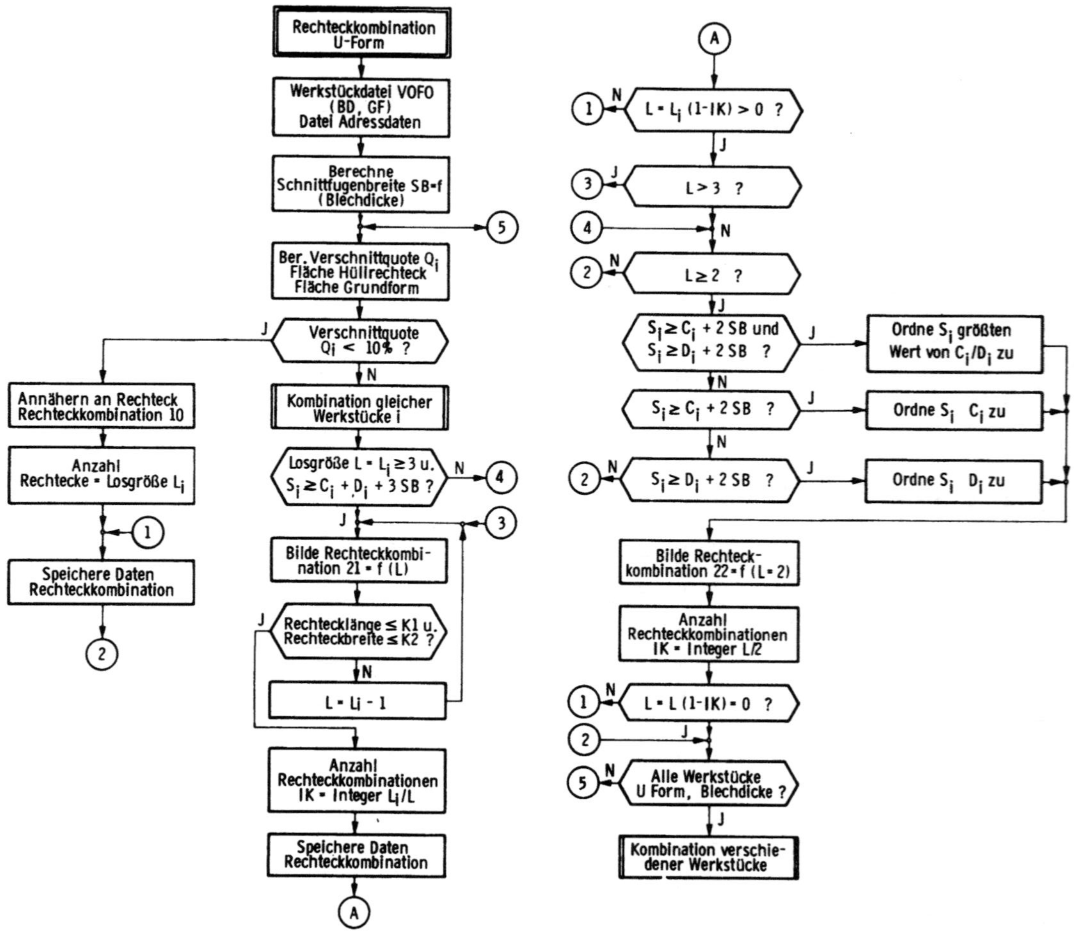

Bild 31: Ablauf zur Verschachtelung gleicher U-förmiger Teile zu Rechtecken

ergeben sich je nach der gewählten Werkstücklage verschiedene Ergebnisse (Bild 32). Da die Dimensionierung dieser Teile zufällig

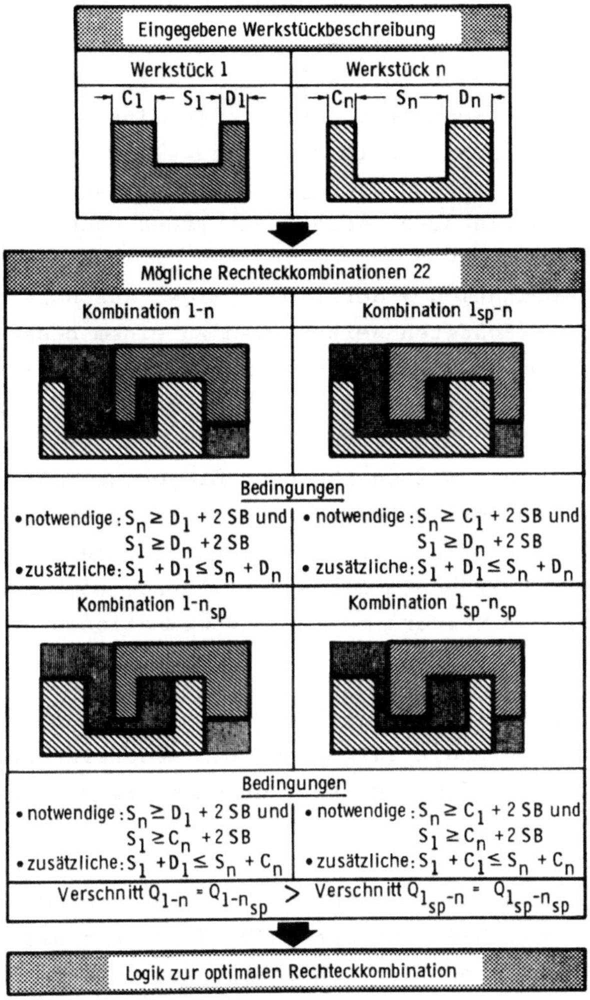

Bild 32: Prinzip der optimalen Verschachtelung unterschiedlicher U-förmiger Teile

bei der Eingabe festgelegt wird, ist rechnerintern auch das Spiegelbild des Zuschnitts zu berücksichtigen. Generell ergeben die beiden rechts dargestellten Kombinationen die kleinste Verschnittquote.

Aus dieser Tatsache kann entsprechend den in der Abbildung aufgeführten Bedingungen eine Logik abgeleitet werden, um die beste Werkstückkombination festzulegen. Zu unterscheiden sind hierbeq notwendige und zusätzliche Bedingungen. Die notwendigen Bedingungen müssen erfüllt sein, damit die Kombination aus geometrischen Gründen möglich ist. Neben der Werkstückgeometrie wird in die Bedingungen auch die Schnittfugenbreite SB miteinbezogen. Die zusätzlichen Bedingungen bestimmen die jeweilige Variante der Kombination, so daß einfach die optimale Kombination zweier gegebener U-förmiger Werkstücke festgelegt werden kann.

Da jedoch die Kombination anderer U-förmiger Zuschnitte mit den beiden zuerst betrachteten Werkstücken zu einem besseren Ergebnis führen kann, werden nach einer Vorauswahl mit Hilfe der oben beschriebenen Logik alle geometrisch möglichen Teilekombinationen durchgeführt. Die Verschnittquote jeder Kombination wird berechnet und aus diesen Lösungen diejenige Teilekombination ausgewählt, die den geringsten Verschnitt aufweist. Auch hier sind Modifikationen denkbar, indem bei Unterschreiten einer vorgegebenen Verschnittquote die entsprechende Kombination ausgewählt wird, ohne daß weitere mögliche Kombinationen ermittelt werden.

Die Algorithmen für die übrigen Rechteckkombinationen sind analog zu der beschriebenen Logik aufgebaut. Ein wesentlicher Unterschied resultiert aus den spezifischen geometrischen Bedingungsgleichungen.

Die Daten der Rechteckkombinationen werden in zwei getrennten Dateien gespeichert. Die eine Datei (Bild 33) enthält die Daten, die zum späteren Zeichnen der Schachtelpläne erforderlich sind. Die geometrischen Daten der Einzelteile sind hierin nicht enthalten. Sie werden über eine rechnerintern vorgegebene laufende Nummer zugeordnet. Eine zweite, reduzierte Datei nimmt die zur weiteren Verschachtelung der Rechtecke notwendigen Angaben auf.

RECHTECKE					WERKSTUECKE					
LFD. NR	TYP	ABMESSUNGEN A	B	MENGE	LFD.NR 1	2	GFORM 1	2	MENGE 1	2
101	10	202.02	102.02	8	6	-	1	-	1	-
102	10	202.02	152.02	14	1	-	1	-	1	-
103	21	488.09	154.04	5	8	-	2	-	4	-
104	22	384.04	279.04	10	3	-	2	-	2	-
105	22	254.04	204.04	9	9	-	2	-	2	-
106	31	152.02	222.79	12	4	7	3	4	1	1
107	32	502.02	297.97	5	2	2	3	3	1	1
108	32	222.02	269.55	8	5	5	3	3	1	1

Bild 33: Auszug aus der Datei der Rechteckbeschreibungen (VOREC)

5.4 Algorithmische Verschnittminimierung rechteckiger Formen

Die zuvor ermittelten Rechtecke stellen die Eingabedaten für den Programmteil zur verschnittminimalen Kombination rechteckiger Formen dar (Bild 34).

Zunächst werden zur Verschnittminimierung rechteckiger Formen alle möglichen Breitenkombinationen ermittelt, indem die Rechteckbreiten systematisch in die Breite des Ausgangsblechs eingelastet werden. Die Grenze der Kombination stellt hierbei die Losgröße der Werkstücke dar. In einem folgenden Schritt wird jeder Breitenkombination schrittweise die Länge der entsprechenden Recktecke so oft zugeordnet, bis die Ausgangslänge des Bleches überschritten wird. Jedes Einlasten eines Rechtecks führt zu einer Längenkombination. Auch hier stellt die Losgröße der Werkstücke die Grenze der Einlastung dar. Von diesen Längenkombinationen wird diejenige ausgewählt, deren absoluter Verschnitt am geringsten ist. Die aus dieser Auswahl resultierende Kombination wird durch eine rechteckige Teilfläche des Ausgangsbleches, deren Breite gleich der Rohblechbreite ist, begrenzt. Im folgenden Schritt werden die unterschiedlichen Teilflächen des Ausgangs-

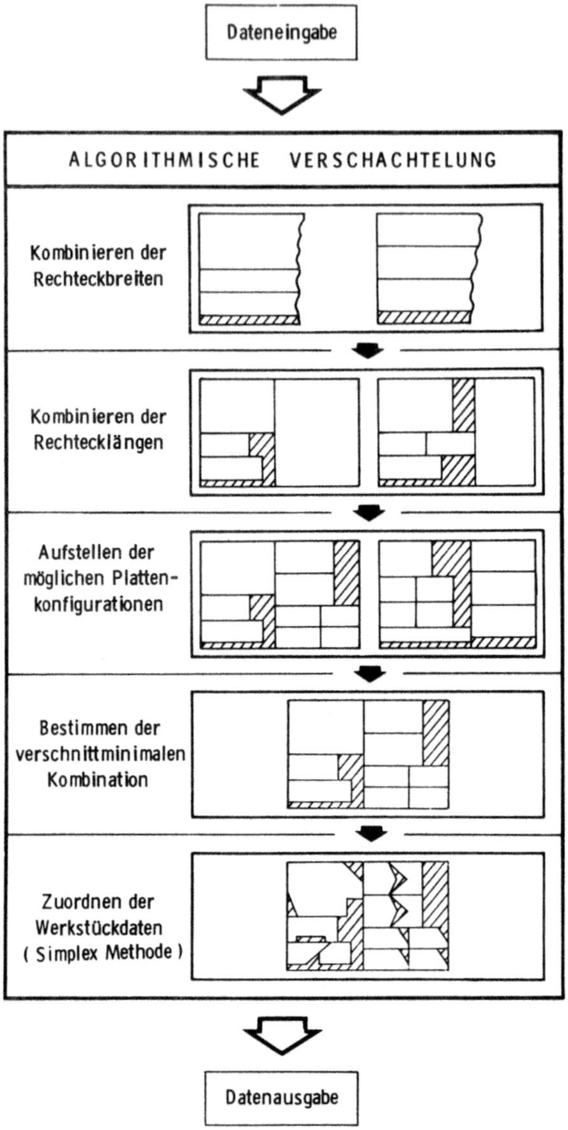

Bild 34: Systemschritte zur Verschnittminimierung rechteckiger Formen mit Hilfe der Simplex-Methode

bleches unter Berücksichtigung der Stückzahl so miteinander kombiniert, daß die Ausgangslänge des Bleches nicht überschritten wird. Aus diesen möglichen Längenkombinationen auf dem Rohblech wird mit Hilfe der Simplex-Methode die verschnittminimale Kombination berechnet.

Die Anwendung der Simplex-Methode erfordert von vornherein Vereinfachungen, da sonst die Zahl der möglichen Kombinationen zu groß wird. Deshalb wird die größte Rechteckkante immer als Rechtecklänge definiert und auch nur der längeren Kante des Ausgangsbleches zugeordnet.

Die hierzu erforderlichen Systemschritte und Datenumwandlungen sind aus Bild 35 zu ersehen. Nach der systematischen Kombination der Rechtecke, der Auswahl von verschnittmimalen Teilkombinationen und der Bildung der sogenannten Teilflächen der Rohbleche muß das Gleichungssystem für den Simplex-Algorithmus erstellt werden /19/.

Hierbei werden die sogenannten Restriktionen aus der Anzahl, mit der die einzelnen Werkstücke in den einzelnen Kombinationen vorkommen, und aus der insgesamt zugelassenen Losgröße der Werkstücke abgeleitet. Die Koeffizienten der Zielfunktion werden aus dem berechneten Verschnitt der Kombinationen bestimmt. An einem einfachen Beispiel soll im folgenden dieser Ablauf verdeutlicht werden.

In Bild 36 wird am Beispiel zweier Rechtecke die Systematik zur Bestimmung der Breitenkombinationen gezeigt. Hierbei wird die kleinere Kante der Rechtecke in die Rohblechbreite eingelastet, wobei die Rohblechbreite nicht überschritten wird. Die Kombinationsmatrix enthält die Anzahl jedes Rechtecks einer Kombination sowie implizit deren Anordnung.

Darauf wird jedem Rechteck einer Kombination iterativ die entsprechende Länge zugeordnet (Bild 37). Jede dieser alternativen Kombinationen führt zu einem anderen Verschnitt. Dieser Verschnitt wird in bezug auf die entsprechende Teilfläche des Rohbleches als Absolutwert berechnet. Die Kombination mit geringstem absoluten Verschnitt wird ausgewählt und weiterverarbeitet. Der Absolutwert des Verschnittes wurde als Auswahlkriterium gewählt, weil dieser zu kürzeren Lösungen der Kombinationen führt als der relative Verschnitt, so daß die Verschnittminimierung flexibler wird.

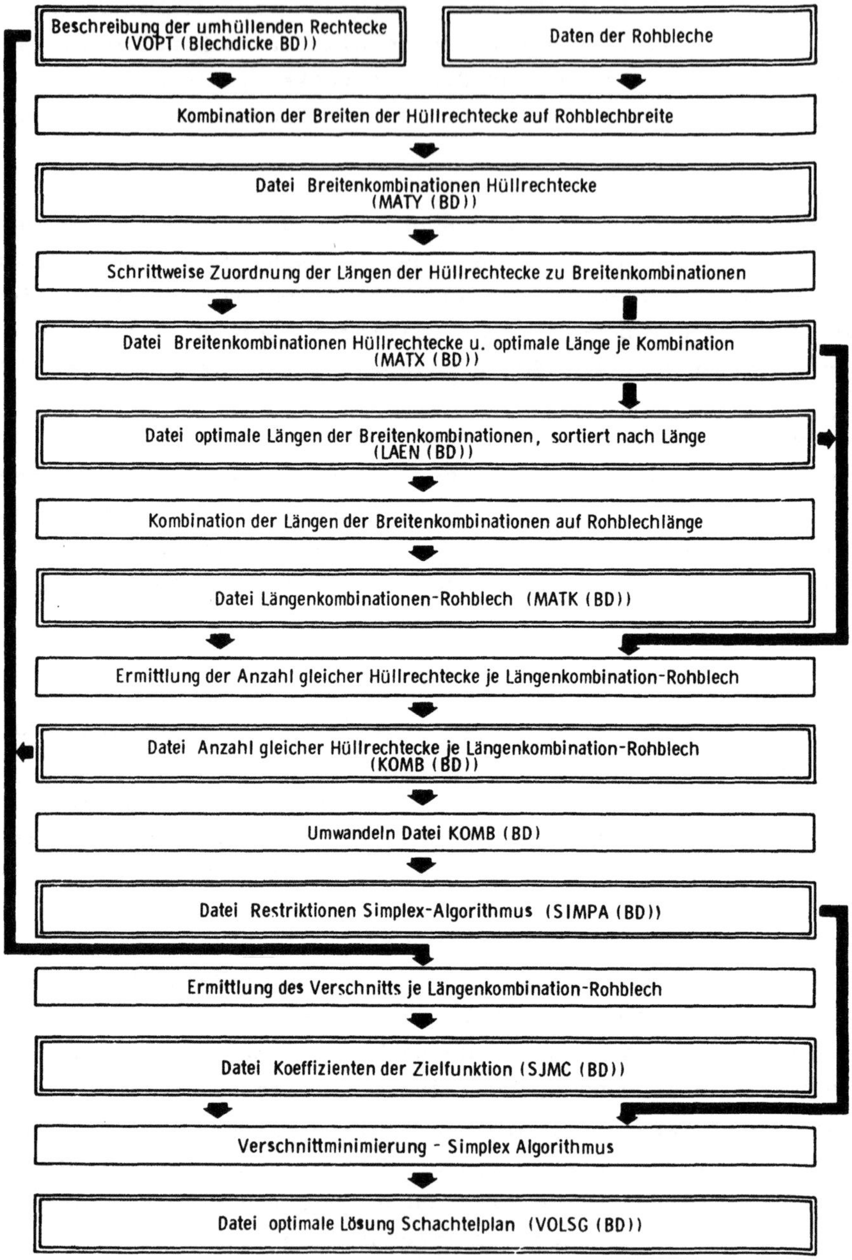

Bild 35: Grobablauf der Verschnittminimierung rechteckiger Formen

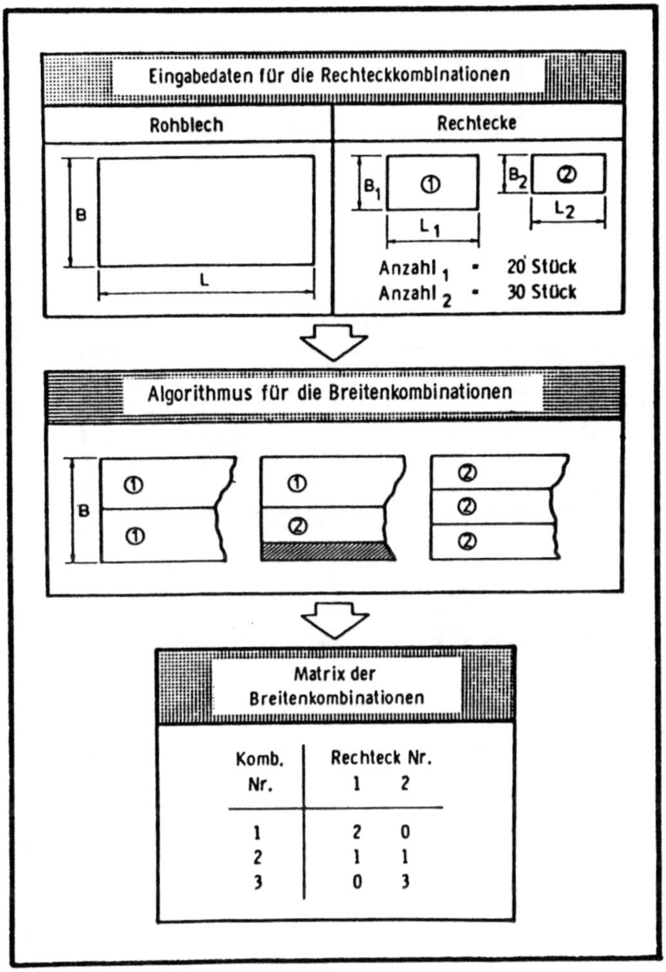

Bild 36: Breitenkombination am Beispiel zweier Rechtecke

Bild 38 zeigt Ausschnitte der beiden Kombinationsmatrizen, die bei einem normalen Rechnerlauf ausgegeben werden. Es wird deutlich, daß die Anzahl der möglichen Kombinationen in Abhängigkeit der Abmessungen und Anzahl der rechteckigen Teilekombinationen, und der Anzahl unterschiedlicher Rechtecke sehr groß werden kann. Vor allem wegen der relativ geringen verfügbaren Speicherkapazität ist deshalb eine Beschränkung notwendig.

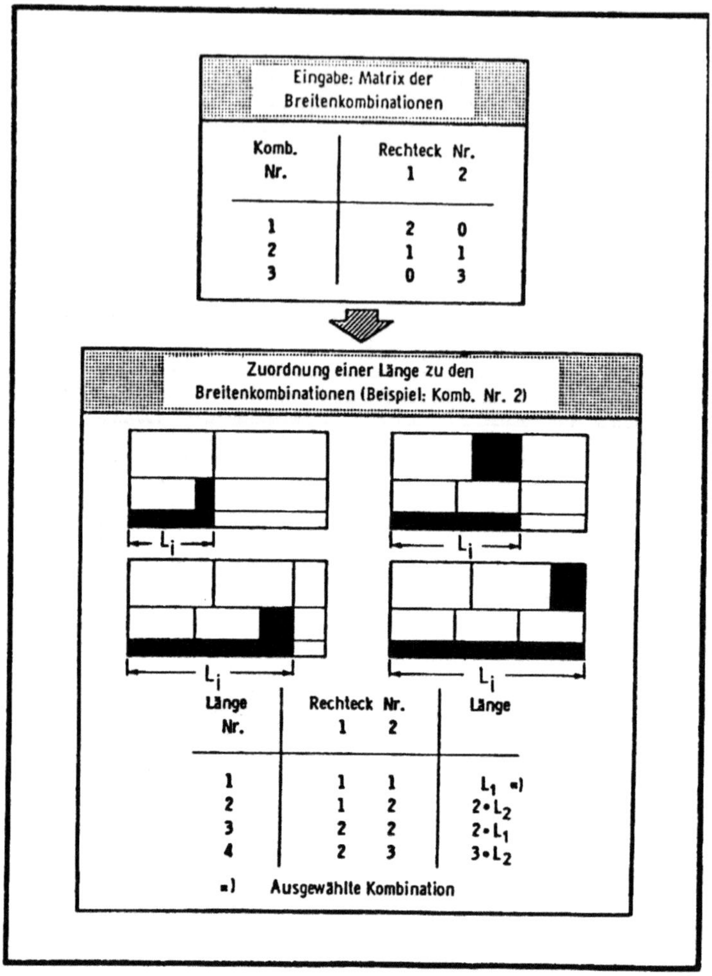

Bild 37: Zuordnung der Rechtecklängen zu den Breitenkombinationen am Beispiel zweier Werkstücke

Diese Beschränkung kann einerseits dadurch erfolgen, daß nach Überlauf des hierfür reservierten Feldes das Kombinieren abgebrochen wird. Dies führt, da die Kombinationen Alternativlösungen darstellen, trotzdem zu richtigen Lösungen, wenn über eine Prüfung gewährleistet wird, daß jedes Rechteck in den Kombinationen berücksichtigt wird. Die bessere Lösung stellt die oben erläuterte Vorauswahl alternativer Kombinationen über den jeweiligen Verschnitt dar.

1 . BLECHDICKE

DIMENSIONEN DER PLATTE:
B= 1000.00 L= 2000.00

BREITENKOMBINATIONEN

KOMB NR	RECHTECK NR. --> 1	2	3	4	5	6	7	8
1	3	0	0	0	0	0	0	0
2	2	1	0	0	0	0	0	1
3	2	0	1	0	0	0	0	1
4	2	0	0	1	0	1	0	0
5	2	0	0	1	0	0	1	0
6	2	0	0	1	0	0	0	1
7	2	0	0	0	1	1	0	0
8	2	0	0	0	1	0	1	0
9	2	0	0	0	1	0	0	1
10	2	0	0	0	0	2	0	0
11	2	0	0	0	0	1	1	0

LAENGEN DER BREITENKOMBINATIONEN

KOMB NR	RECHTECK NR. --> 1	2	3	4	5	6	7	8	LAENGE (MM)
1	1	0	0	0	0	0	0	0	502.02
2	3	4	0	0	0	0	0	7	1536.17
3	1	0	2	0	0	0	0	2	502.02
4	1	0	0	3	0	1	0	0	502.02
5	1	0	0	3	0	0	2	0	502.02
6	1	0	0	3	0	0	0	2	502.02
7	1	0	0	0	2	1	0	0	508.09
8	1	0	0	0	2	0	2	0	508.09
9	1	0	0	0	2	0	0	2	508.09
10	1	0	0	0	0	1	0	0	502.02
11	1	0	0	0	0	1	2	0	502.02
12	1	0	0	0	0	1	0	2	502.02

Bild 38: Auszug aus den Kombinationsmatrizen

Nach dieser Kombination der Rechtecke zu Teilflächen der Rohbleche werden diese in die gesamte Länge des Rohbleches eingelastet. Bild 39 verdeutlicht diesen Vorgang an einem Beispiel. Der Verschnitt der Kombination stellt die Koeffizienten der Zielfunktion dar. Die Anzahl identischer Teile und die geforderte Stückzahl gehen als Restriktionen in den Simplex-Algorithmus ein. Hierzu ist ein gesondertes Unterprogramm vorhanden.

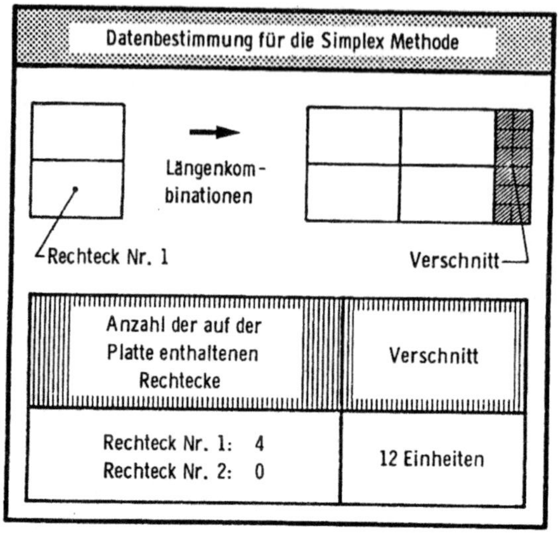

Bild 39: Aufbereitung der für die Simplex-Methode erforderlichen Daten

Für das zuvor dargestellte Beispiel zeigt Bild 40 das Gleichungssystem des Simplex-Algorithmus sowie das sogenannte Tableau mit den entsprechenden Modifikationen. Der Simplex-Algorithmus soll nicht näher erläutert werden; sondern es wird auf entsprechende Literatur verwiesen /19/27/. Ergebnis des Simplex-Algorithmus stellt die verschnittminimale Lösung, d. h. die optimale Kombination der Teilflächen der Rohbleche sowie die erforfderliche Anzahl der Rohbleche mit den gegebenen Abmessungen dar. Diese Daten werden in einer Datei abgespeichert.

$$\begin{bmatrix} 12 & 19 & 12 & 26 & 19 & 0 \end{bmatrix} \cdot X = Z$$

$$\begin{bmatrix} 4 & 3 & 2 & 2 & 1 & 0 \\ 0 & 1 & 3 & 2 & 4 & 9 \end{bmatrix} \cdot X = \begin{bmatrix} 26 \\ 30 \end{bmatrix}$$

```
                     -12.00 -19.00 -12.00 -26.00 -19.00   0.00-100.00-100.00
-100.00  7  20.00     4.00   3.00   2.00   2.00   1.00   0.00   1.00   0.00 -10.00
-100.00  8  30.00     0.00   1.00   3.00   2.00   4.00   9.00   0.00   1.00   3.33
                    388.00 381.00 488.00 374.00 481.00 900.00   0.00   0.00


-100.00  7  20.00     4.00   3.00   2.00   2.00   1.00   0.00   1.00   0.00   5.00
   0.00  6   3.33     0.00   0.11   0.33   0.22   0.44   1.00   0.00   0.11 -10.00
                    388.00 281.00 188.00 174.00  81.00   0.00   0.00-100.00


 -12.00  1   5.00     1.00   0.75   0.50   0.50   0.25   0.00   0.25   0.00   5.00
   0.00  6   3.33     0.00   0.11   0.33   0.22   0.44   1.00   0.00   0.11 -10.00
                      0.00 -10.00  -6.00 -20.00 -16.00   0.00 -27.00-100.00


OPTIMALE LOESUNG

  X( 1)=        5.00
  X( 6)=        3.33
```

Z = Zielfunktion

$X = [x(1), x(2), x(3), x(4), x(5), x(6)]^{-1}$

<u>Bild 40:</u> Ergebnis der algorithmischen Verschnittminimierung

5.5 Ausgabe von Schachtelplänen

Nach Ermittlung der optimalen Teilekombinationen müssen die entsprechenden Schachtelpläne gezeichnet werden. Das Hauptproblem liegt hierbei darin, die in mehreren Dateien gespeicherten Daten zusammenzustellen und dann in Fahrbefehle für den Plotter bzw. in Schreibbefehle für den Bildschirm umzuwandeln. Die hierzu erforderlichen Dateien sowie zusätzlich erforderliche Schritte zur Ausgabe der Schachtelpläne sind in Bild 41 dargestellt.

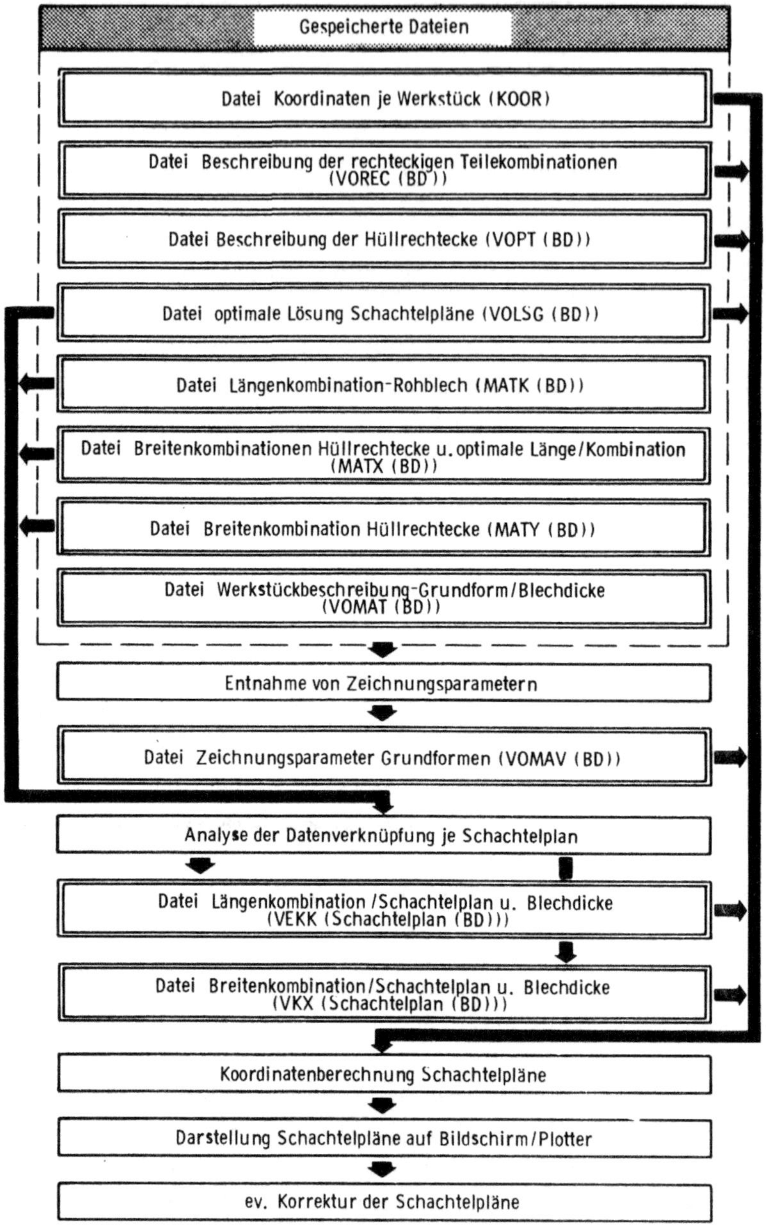

Bild 41: Grobablauf und Dateien zur Ausgabe der Schachtelpläne

Ein die Ausgabe der Schachtelpläne vorbereitender Schritt besteht im Zusammenstellen von Parametern, die zur Zeichnung der einzelnen Werkstücke notwendig sind. Die Darstellungslogik basiert auf Algorithmen zum Zeichnen der rechteckigen Teilekombinationen. Die Zeichnungsparameter stellen vor allem die Werte dar, mit denen innerhalb einer rechteckigen Teilekombination über eine entsprechende Logik Felder für die einzelnen Werkstücke abgegrenzt werden.

Darüber hinaus müssen der optimalen Lösung entsprechend die hierin enthaltenen Kombinationen von Rechtecken und Teilen bis auf die Werkstückebene zurückverfolgt werden. Es werden hierbei zum einen die relative Lage jedes Werkstückes ermittelt und zum anderen die Koordinaten und Konturelemente jedes Werkstückes bereitgestellt. Das erforderliche Zusammenspiel verschiedener Dateien wird prinzipiell in Bild 42 verdeutlicht.

In einzelnen Dateien werden in hierarchischer Struktur jeweils nur Teilergebnisse abgespeichert, wobei über rechnerintern vergebene Adressen ein Zugriff zu detaillierten Ergebnissen der darunter liegenden Ebene gewährleistet ist.

Durch die Lösung des Simplex-Algorithmus werden die auf einem Rohblech enthaltenen Lösungskombinationen identifiziert. Über eine Verweisadresse wird im nächsten Schritt die Länge jeder Teilfläche des Rohbleches ermittelt. In den Prinzipskizzen der Abbildung 42 sind die weiteren Schritte nur für eine Breitenkombination dargestellt. Die darauf angesprochene Datei enthält die Identnummern der Rechteckkombinationen sowie deren relative Lage.

In den folgenden Schritten werden den Rechteckkombinationen die Rechteckmaße, darauf die Art, Anzahl und relative Lage der hierin enthaltenen Grundformen zugeordnet. Über die im Rahmen der Vorbereitung der Zeichnungsausgabe erstellten Datei (VOMAV) werden in Verbindung mit einer Logik jedem Werkstück innerhalb der Rechteckkombination geometrisch definierte Felder zugewiesen. Die nach der Dateneingabe der Werkstücke aufgebaute Datei KOOR enthält die Koordinatenwerte der Werkstücke sowie die Art der

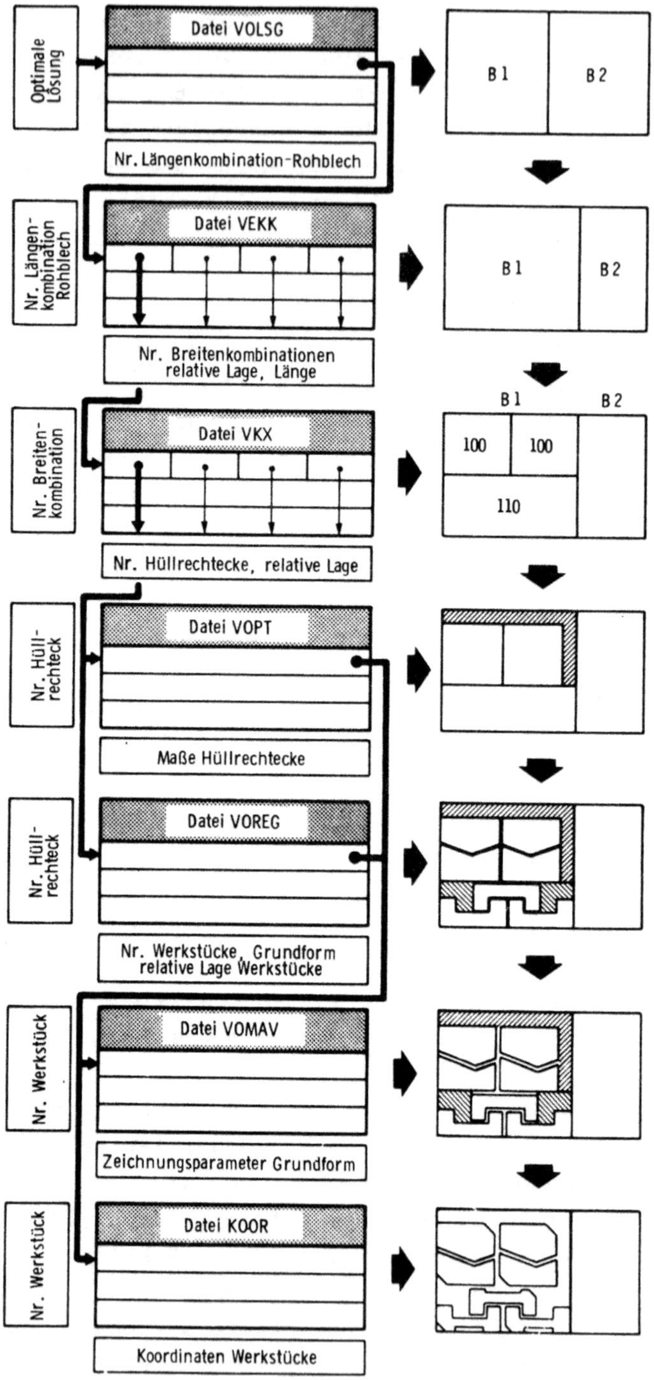

<u>Bild 42:</u> Verknüpfung der Dateien zur Ausgabe von Schachtelplänen

Verbindungselemente. Mit diesen Angaben ist die exakte Zeichnung der Schachtelpläne möglich.

Die Daten müssen anschließend in Abhängigkeit des gewählten Ausgabegerätes in Fahrbefehle des Plotters oder in Schreibbefehle für den Bildschirm umgewandelt werden. Hierbei soll der Bildschirm eingesetzt werden, um die Schachtelpläne zu kontrollieren. Durch Variation der Rohblechmaße kann bei gegebenem Teilespektrum eine begrenzte Verbesserung der Ergebnisse erreicht werden.

Bild 43 zeigt einen über Plotter ausgegebenen Schachtelplan, der mit diesem Programmsystem erstellt wurde. In dem Schachtelplan wurde die berechnete Schnittfugenbreite berücksichtigt. Die mögliche Komplexität der Teile sowie der Vorteil der grundformabhängigen Kombination von Werkstücken zu Rechtecken wird deutlich sichtbar.

Zu erkennen sind die Grenzen der jeweiligen Längenkombination. Der Schachtelplan wird in der Darstellung von links nach rechts aufgebaut, so daß an der rechten Seite einer Längenkombination jeweils ein Verschnitt auftritt. Dieser Verschnitt ist systembedingt.

Diese klare Trennung eines Rohbleches in rechteckig abgegrenzte Felder hat aber durchaus einen praktischen Vorteil. Um eine hohe Genauigkeit zu erreichen, arbeiten viele photoelektrisch gesteuerte Maschinen mit Brennschablonen im Maßstab von 1 : 1. Dadurch werden Schachtelpläne für ganze Rohbleche in handelsüblichen Abmessungen sehr groß und unhandlich. Außerdem müssen die Anschnittpunkte bei einigen Maschinen manuell auf der Schablone angefahren werden. Durch eine Unterteilung des gesamten Schachtelplanes in mehrere Teilpläne, die den einzelnen Längenkombinationen entsprechen, kann für diese Fälle die Handhabung in der Fertigung wesentlich erleichtert werden.

Jedoch wird aus Bild 43 auch deutlich, daß durch Verschieben der Teile und Hinzufügen neuer Teile der algorithmisch erstellte Schachtelplan verbessert werden kann. Für diese Aufgabe wurde

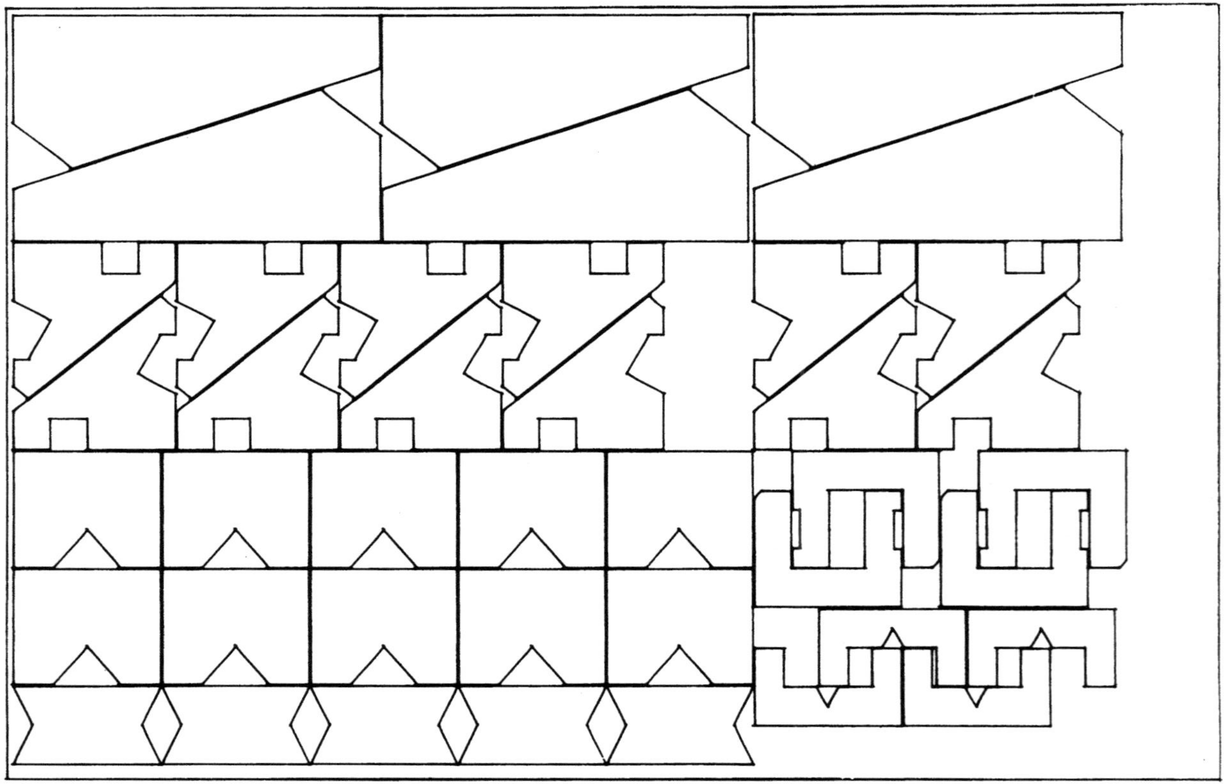

<u>Bild 43:</u> Algorithmisch erstellter Schachtelplan

ein Programmsystem zur Schachtelplanerstellung im Dialog erstellt. Doch auch ohne den Einsatz eines derartigen Programms führt die algorithmische Erstellung von Schachtelplänen bereits zu einer wesentlichen Verbesserung der Verschnittplanung.

5.6 Einsatz und Erweiterung des Programms

Das erstellte Programm hat auf dem eingangs charakterisierten Kleinrechner (Kapitel 4.3) in der beschriebenen Version eine durchschnittliche Laufzeit von ca. 1,5 Stunden einschließlich der Eingabe durch Abrufen gespeicherter Werkstückdaten und der Datenausgabe über Plotter. Hierbei ist jedoch zu beachten, daß in einem Rechnerlauf nicht nur ein Schachtelplan, sondern theoretisch alle Schachtelpläne von Werkstücken mit gleichem Werkstoff, aber unterschiedlicher Blechdicke ausgegeben werden. Die praktische Grenze der tatsächlich in einem Lauf auszugebenden unterschiedlichen Schachtelpläne ist durch die Größe der Dateien bedingt.

Eine absolute Grenze der Anzahl von unterschiedlichen Schachtelplänen, die zur Zeit in einem Lauf erzeugt werden können, ist nicht anzugeben. Diese Zahl wird wesentlich durch die Anzahl unterschiedlicher Werkstücke, deren Losgröße, Abmessungen und durch die Rohblechmaße beeinflußt. Die praktisch anhand willkürlich ausgesuchter Blechteile erprobte Grenze liegt derzeit im Bereich von etwa 10 bis 12 Schachtelplänen je Rechnerlauf. Durch Vergrößern der Dateien bis an die äußerste Grenze der Speicherkapazität des Rechners kann diese Anzahl noch geringfügig erhöht werden. Darüber hinaus sind die Möglichkeiten dieses Rechners für die beschriebene Lösung weitgehend ausgeschöpft. Allerdings ist durch einen erneuten Durchlauf mit den Daten der restlichen, noch nicht verschachtelten Werkstückgruppen dieses Kapazitätsproblem einfach zu lösen.

Das Programm in seiner beschriebenen Version mit der Ausgabe von Schachtelplänen für unterschiedlich dicke Rohbleche bietet vor allem Vorteile, wenn diese Problemstellung häufig in einem Unternehmen vorkommt. Eine sinnvolle Modifikation dieses Systems besteht darin, in einem Lauf nur Werkstücke eines Werkstoffes und einer Blechdicke zu verschachteln. In diesem Fall verliert die oben erwähnte Grenze des Systems an Bedeutung und die Laufzeit eines Durchlaufs wird geringer. Ein sinnvoller Einsatz dieser Variante ist in Unternehmen gegeben, die eine relativ geringe Anzahl unterschiedlicher Blechdicken verwenden.

Das Programm wurde in der Programmiersprache BASIC geschrieben, so daß zur Implementierung des Systems auf einer anderen Rechenanlage ein entsprechender Compiler notwendig ist. Jedoch ist eine Anpassung aufgrund von Unterschieden in den Betriebssystemen verschiedener Rechenanlagen beim heutigen Stand dieser Systeme wahrscheinlich notwendig.

Das Übertragen des Programmes in eine andere Programmiersprache, aber auch das Testen oder die problemabhängige Erweiterung wird wesentlich durch die kleine Bausteingröße der einzelnen Programmmodule erleichtert. In den Bildern 44 und 45 ist die gesamte Aufbaustruktur des Programms dargestellt.

Alle Programmteile, die zur Ein- oder Ausgabe der Werkstückdaten und zur Kombination von Teilen zu Rechtecken erforderlich sind, wurden nach geometrischen Kriterien in gesonderte Unterprogramme unterteilt. Generell wurde diese Unterteilung den Grundformen entsprechend durchgeführt. Zusätzlich beeinflussen auch die zur Kombination von Teilen zu Rechtecken definierten Rechtecktypen (Bild 29) diese Abgrenzung. Aus diesem Grunde wurden Bausteine für A- und M-Formen jeweils zu einem Unterprogramm zusammengefaßt. Die Programmodule, die zur Umwandlung der auf Grundform und definierten Abweichungen basierenden Werkstückdaten in Koordinatenwerte erforderlich sind, wurden den definierten Abweichungen entsprechend abgegrenzt, da die Abweichungen jeder Grundform zugeordnet werden können.

Eine Erweiterung oder Anpassung des Programms durch Definieren neuer Grundformen oder Abweichungen ist dadurch relativ leicht möglich, weil die jeweiligen Schnittstellen eindeutig festliegen.

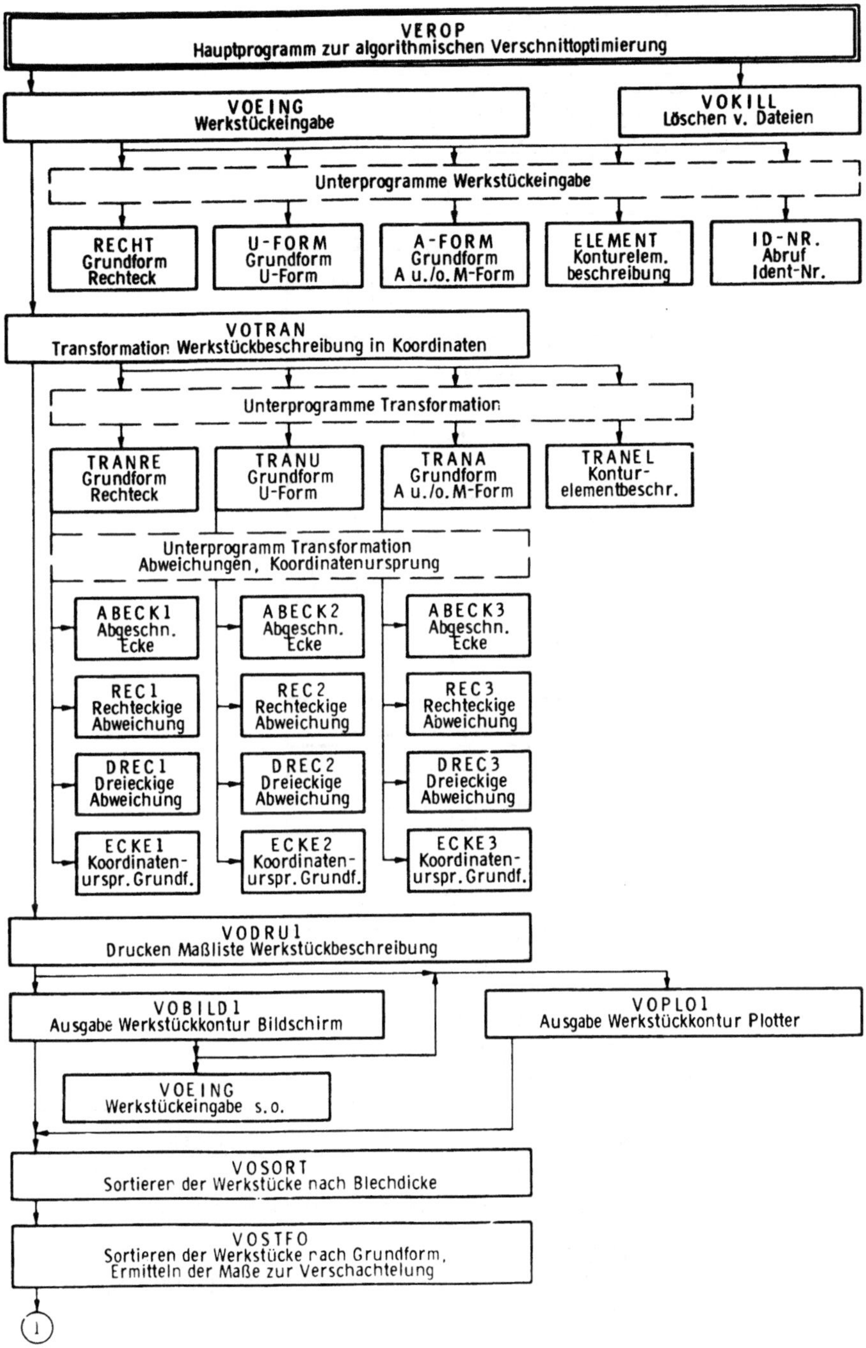

Bild 44: Programmstruktur des Systems zur algorithmischen Verschachtelung - Teil 1

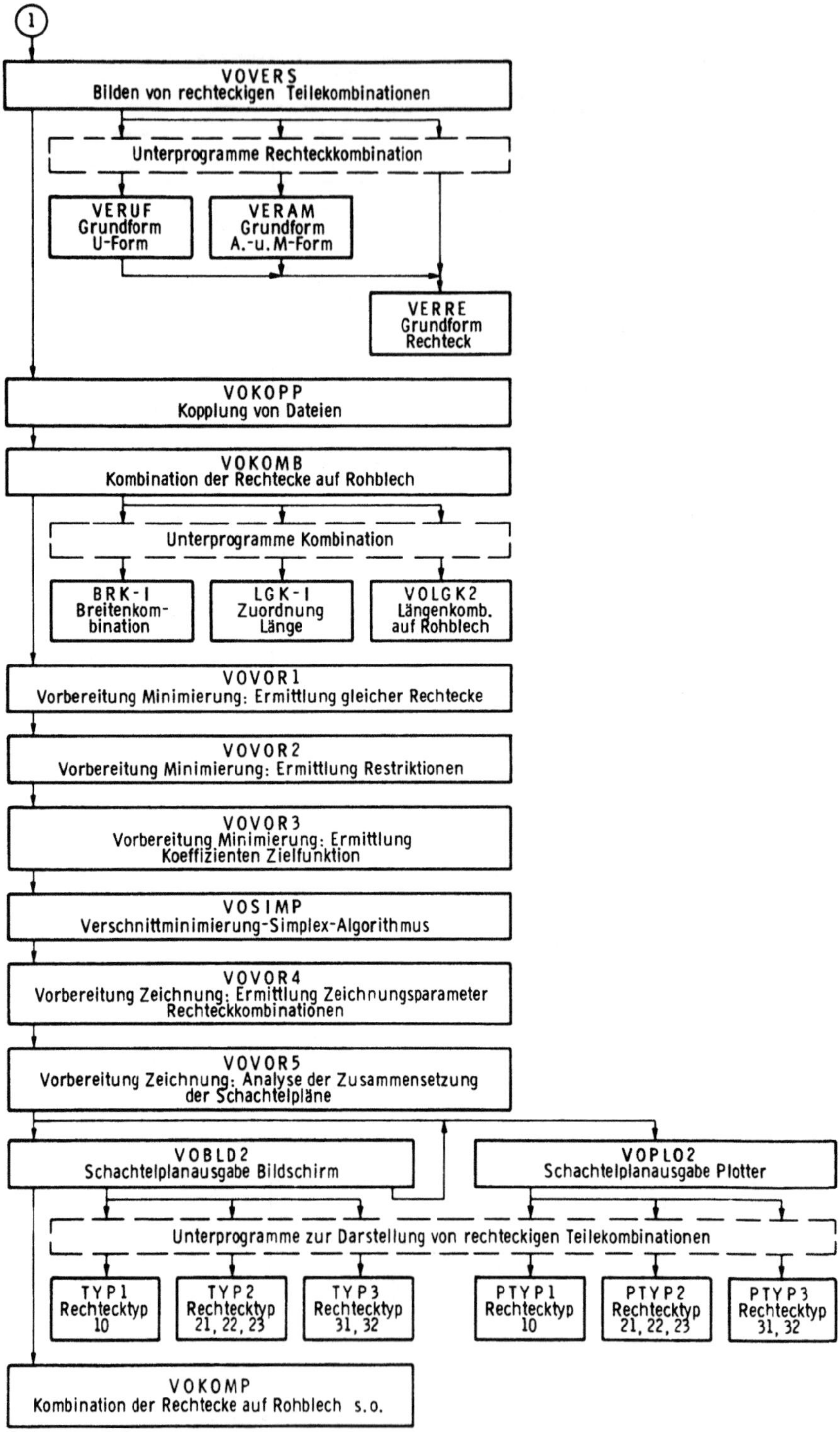

Bild 45: Programmstruktur des Systems zur algorithmischen Verschachtelung - Teil 2

Geringfügige Änderungen des bestehenden Programms sind notwendig, falls andere Abweichungen definiert werden. In diesem Fall müssen die zur Eingabe im Dialog vorhandenen Unterprogramme erweitert werden. Darüber hinaus ist auch die Werkstückdatei anzupassen.

Die dem Programm zugrunde liegende Logik gestattet es, das Programm auch im Batch-Betrieb ohne Eingriff des Benutzers anzuwenden. Die zur Zeit vorgesehenen Dialogstellen müssen in diesem Fall ersetzt werden. Ein Dialog wird angewendet, um die Werkstück- und Rohblechdaten einzugeben, zu korrigieren und um das gewünschte Ausgabegerät festzulegen, d. h. graphischer Bildschirm bzw. Plotter in Kombination mit Drucker zur Textausgabe.

Die Eingabe dieser Daten über entsprechende Datenträger stellt kein Problem dar. Doch erscheint es zweckmäßig, die Eingabe der Werkstückdaten dann in zwei Schritten durchzuführen. Im ersten Schritt wird die Beschreibung der Werkstücke eingegeben. Die Beschreibungen werden in Form der erläuterten Kontrolldaten (Bild 25) erneut ausgegeben, damit eine frühzeitige Korrektur von Eingabefehlern durchgeführt werden kann. Hierbei ist ein graphischer passiver Bildschirm zweckmäßig, jedoch nicht Voraussetzung, da dieser durch Plotter und Drucker ersetzt werden kann. Allerdings wird im letzteren Fall die Handhabung bei einer Datenänderung umständlich. Auch fallen längere Wartezeiten an.

Eingabedaten für den eigentlichen Programmlauf sind dann nur noch die Identnummern der Werkstücke sowie die aktuelle Losgröße. Das Programm kann in diesem Fall auf kontrollierte Daten zurückgreifen, so daß Durchläufe mit fehlerhaften Daten vermieden werden.

6. Programm zur Schachtelplanerstellung im Dialog

Das Programm zur Schachtelplanerstellung im Dialog erfüllt zwei Funktionen. Zum einen dient es dazu, Verbesserungen und Ergänzungen in den algorithmisch erstellten Schachtelplänen durchzuführen. In diesem Fall wird der algorithmisch erstellte Schachtelplan eingegeben (Bild 46).

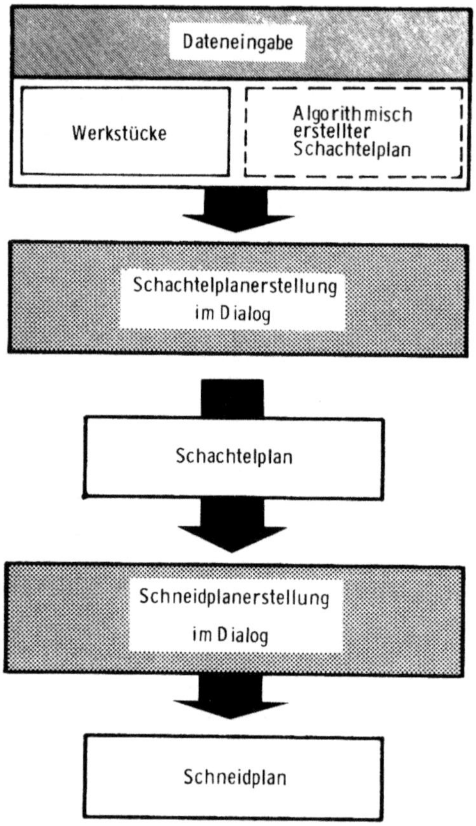

Bild 46: System zur Verschachtelung im Dialog

Ergänzungen des algorithmisch erstellten Schachtelplans durch Hinzufügen von Werkstücken bedingen alle Systemfunktionen, die auch zum selbständigen Einsatz des Programms notwendig sind. Beim selbständigen Einsatz werden Werkstücke eingegeben und im Dialog verschachtelt.

Aus diesem Grunde wurde das Programm zur Schachtelplanerstellung im Dialog als selbständiges Programm ausgeführt, da auch der ausschließliche Einsatz dieses Programms zweckmäßig sein kann. An späterer Stelle (Kapitel 6.5) sollen die Auswirkungen betrachtet werden, die sich ergeben, wenn dieses Programm nur als ergänzendes System zur algorithmischen Schachtelplanerstellung verwendet wird. An die Schachtelplanerstellung schließt sich unabhängig von der Verschachtelungsmethode die Schneidplanerstellung im Dialog (Kapitel 7) an.

6.1 Übersicht über das entwickelte Programmsystem

Das Programm zur Schachtelplanerstellung im Dialog umfaßt die gleichen Systemfunktionen, wie das zuvor erläuterte Programm. Wesentlicher Unterschied ist, daß die Verschachtelung heuristisch über einen graphischen Bildschirm vorgenommen wird. Darüber hinaus wurden einige Lösungsschritte modifiziert, indem auch hierfür eine Dialogverarbeitung aufgebaut wurde. Programmiert wurde das System auf der eingangs charakterisierten Rechenanlage mit interaktivem graphischem Bildschirm (Kapitel 4.3). Wie zuvor erläutert wurde, kann für eine Schachtelplanerstellung im Dialog aber auch ein passiver graphischer Bildschirm eingesetzt werden.

In Bild 47 werden die Systemschritte des Programms dargestellt /3/. Zuerst wird das Trennverfahren ausgewählt, da von diesem verfahrensspezifische Daten, wie beispielsweise die Schnittfugenbreite, beeinflußt werden. Im Programm wurde nur das Brennschneideverfahren berücksichtigt.

Im folgenden Schritt werden die sogenannten technologischen Daten, wie Blechdicke, Werkstoff u. a. eingegeben. Sie dienen zum einen dazu, die Anwendbarkeit des Trennverfahrens anhand von Grenzkriterien zu überprüfen. Zum anderen kann aus diesen Daten die technologisch notwendige Schnittfugenbreite und der Besäumrand des Bleches formelmäßig berechnet werden. Bei der späteren Verschachtelung der Werkstücke stellt die Schnittfugenbreite bzw. der Besäumrand den Mindestabstand zwischen zwei Werkstücken bzw. zwischen Werkstücken und Ausgangsblech dar.

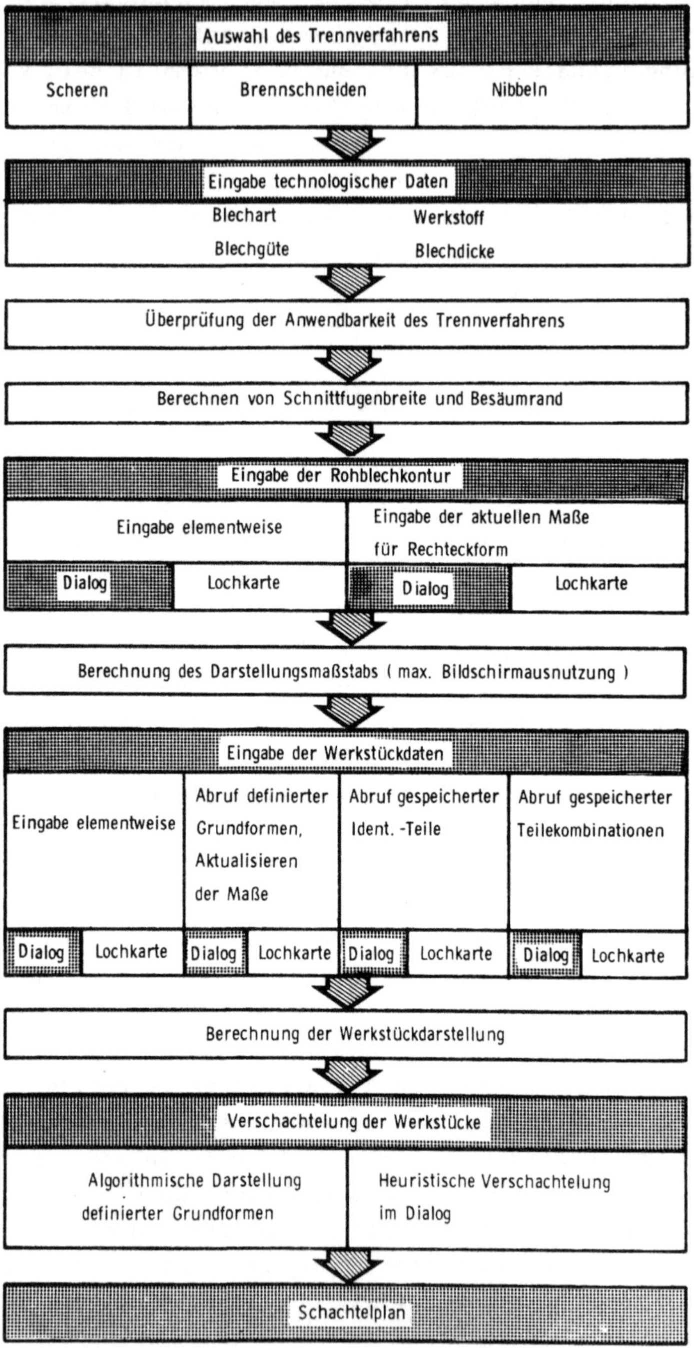

Bild 47: Systemschritte zur Schachtelplanerstellung im Dialog

Im Ablauf folgt die Eingabe des Ausgangsbleches. Da ein Ziel der Verschnittplanung darin besteht, Restbleche zu verwenden, muß eine Eingabe beliebiger Rohblechkonturen möglich sein. Diese kann elementweise durch Beschreibung der Kontur über Lochkarten oder im Dialog zwischen Rechner und Benutzer erfolgen. Da Neubleche jedoch immer eine rechteckige Kontur aufweisen, wird eine Vereinfachung der Dateneingabe dadurch erreicht, daß nach einer Kennzeichnung dieser Form nur die Länge der beiden Seiten angegeben wird.

Der Maßstab zur Darstellung des eingegebenen Rohblechs auf dem Bildschirm wird rechnerintern so festgelegt, daß die zur Verfügung stehende Bildschirmfläche optimal ausgenutzt wird. Dieser Maßstab wird ebenfalls zur späteren Darstellung der Werkstücke verwendet, so daß die Werkstückeingabe unabhängig vom Maßstab der Darstellung auf dem Bildschirm ist.

Die nächsten Schritte beinhalten die Werkstückeingabe und die Verschachtelung der Werkstücke auf dem Rohblech. Diese Schritte sind voneinander abhängig. Wie im Programm zur algorithmischen Schachtelplanerstellung besteht auch hier die Möglichkeit, Werkstücke elementweise oder über Grundformen in Verbindung mit einer Logik zur Verschachtelung einzugeben. Die Eingabe kann im Dialog oder über Lochkarte erfolgen.

Nach der Verschachtelung der Werkstücke wird als Kontrolle für die Güte der Verschachtelung die Verschnittquote berechnet. Entspricht diese den Anforderungen des Benutzers, kann der Schachtelplan über einen Plotter gezeichnet werden.

Zum Dialog zwischen Benutzer und Rechner können zwei Arbeitsweisen angewendet werden, der "Picking-" und der "Tracking-Mode".
Der "Picking-Mode" erlaubt eine unmittelbare Identifizierung der auf dem Bildschirm dargestellten Objekte. Beim "Tracking-Mode" erfolgt die Identifizierung mit Hilfe des "Tracking-Cross". Das "Tracking-Cross" ist ein Fadenkreuz, das durch den Benutzer beliebig verschoben werden kann. Beim interaktiven Bildschirm wird für beide Arbeitsweisen der Lichtstift benutzt.

Beim passiven Bildschirm kann nur der "Tracking-Mode" angewendet werden. Im "Tracking-Mode" sind die für die Verschnittplanung erforderlichen Funktionen und die Menütechnik ebenfalls zu realisieren, wobei im Vergleich zum "Picking-Mode" beim Identifizieren von Objekten eine gewisse Zeit zum Heranfahren des Kreuzes benötigt wird. Anstelle des "Tracking-Cross" kann auch ein Werkstück mit Hilfe der Steuereinrichtung durch den Benutzer verschoben werden, ohne daß der gesamte Bildschirminhalt neu erzeugt werden muß. Für andere Funktionen, wie z. B. Drehen oder Spiegeln, sind jedoch die Werte der gewünschten Werkstücklage vorzugeben. Aus diesem Grund müssen beim Einsatz eines passiven Bildschirms die Dialogstellen, die im "Picking-Mode" ablaufen, in den "Tracking-Mode" umgewandelt werden. Im folgenden sollen wesentliche Schritte der Dialogverarbeitung zur Schachtelplanerstellung erläutert werden.

6.2 Eingabe der Rohblechdaten

Nach der Auswahl des Trennverfahrens und der Brennart werden die sogenannten technologischen Daten des Ausgangsbleches festgelegt. Die technologischen Daten beinhalten die Blechgüte, die Abmessungen und den Werkstoff des Ausgangsbleches. Hierzu werden dem Benutzer die bestehenden Alternativen über mehrere sogenannte Menüs auf dem Bildschirm angeboten. Durch Picken mit dem Lichtstift wird die gewünschte Variante identifiziert und ein hiervon abhängiger Programmschritt eingeleitet.

Mit dem ersten Menü erfolgt die Auswahl der Blechart, beispielsweise Mittel-, Fein-, Riffelblech u. a. m. In Abhängigkeit von der gewählten Blechart wird darauf ein Menü erzeugt, das die zugelassenen Werkstoffe und den Bereich der entsprechenden Blechdicken enthält. Mit Hilfe des Lichtstifts wird zunächst der Werkstoff "gepickt" und über das im folgenden Schritt erzeugte Zahlenmenü die Blechdicke eingegeben. Bild 48 zeigt diese Phase des Dialogs für die Mittelbleche. Zusätzlich ist auch eine freie Eingabe des Werkstoffes mit Hilfe eines gesonderten alpha-numerischen Menüs möglich. In Abhängigkeit von der Blechdicke wird die Schnittfugenbreite und der Besäumrand des Bleches berechnet.

TECHNOLOGISCHE DATEN

BLECHART WERKSTOFF	DICKENBEREICH
MITTELBLECH	
ST 34-2	3 BIS 12.5
U ST 34-2	3 BIS 12.5
R ST 34-2	3 BIS 300
ST 37-2	3 BIS 12.5
U ST 37-2	3 BIS 12.5
R ST 37-2	3 BIS 300
ST 42-2	3 BIS 12.5
U ST 42-2	3 BIS 12.5
R ST 42-2	3 BIS 300
ST 50-2 U	3 BIS 300
ST 50-2 N	3 BIS 300
ST 60-2 N	3 BIS 300
ST 70-2	3 BIS 300
ST 80	3 BIS 300
ST 90	3 BIS 300
KESSELBLECH I	3 BIS 300
KESSELBLECH II	3 BIS 300
KESSELBLECH III	3 BIS 300
KESSELBLECH IV	3 BIS 300

BLECHDICKE=30

MINUS
KOMMA
0
1
2
3
4
5
6
7
8
9
ENDE

BELIEBIGE WERKSTOFFEINGABE

Bild 48: Menü zur Eingabe technologischer Daten des Ausgangsbleches

Im Dialog folgt die Festlegung der Rohblechkontur. Als Alternative wird hierzu die Wahl eines rechteckigen Bleches, das durch Höhe und Breite beschrieben wird, oder die elementweise Eingabe einer beliebigen Kontur, wie sie bei Restblechen auftritt, angeboten. Die elementweise Beschreibung der Kontur entspricht im Prinzip der elementweisen Eingabe der Werkstücke und soll deshalb an dieser Stelle nicht erläutert werden. Automatisch wird der Maßstab zur optimalen Nutzung der frei verfügbaren Bildschirmfläche bei der Darstellung des Bleches berechnet, der auch für die Werkstücke maßgebend ist.

6.3 Eingabe der Werkstückdaten und Verschachtelung

Bei der Werkstückeingabe im Dialog kann zugleich auch die relative Lage des Werkstückes in bezug auf das Rohblech festgelegt werden, so daß die beiden Schritte Werkstückeingabe und Verschachtelung in direktem Zusammenhang stehen.

Es existieren mehrere Möglichkeiten, um diese beiden Schritte miteinander zu koppeln (Bild 49). Die erste Möglichkeit besteht darin, Werkstücke an einer fest definierten Stelle auf dem Bildschirm ein- bzw. auszugeben und anschließend die relative Lage durch Manupulation des Werkstückes über Schieben, Drehen oder Spiegeln festzulegen. Diese Lösung wurde bei der Eingabe von Werkstückdaten über Lochkarten gewählt.

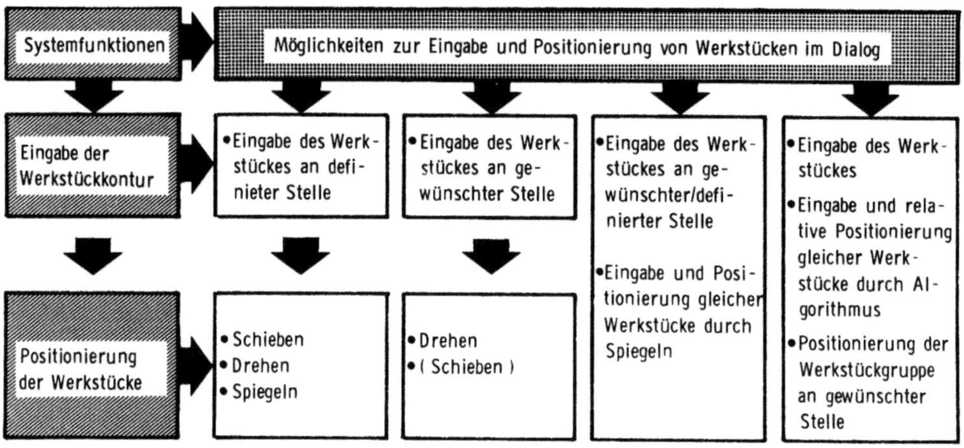

Bild 49: Verknüpfung zwischen Eingabe von Werkstücken und Verschachtelung im Dialog

Bei der elementweisen Eingabe der Werkstückbeschreibung im Dialog über den Bildschirm kann die relative Lage eines Werkstückes gewählt werden, so daß diese nur noch in Grenzen beispielsweise durch Drehen verändert werden muß, um das Werkstück zu verschachteln.

Die beiden beschriebenen Möglichkeiten werden relativ aufwendig, wenn ein Werkstück in einer größeren Stückzahl auftritt, da jedesmal die oben beschriebene Manipulation erforderlich wird. In diesem Fall ist es zweckmäßig, andere Methoden anzuwenden.

Die erste Variante besteht darin, zunächst ein Werkstück einzugeben und an einer geeigneten Stelle anzuordnen, wie dies zuvor erläutert wurde. Durch Reproduzieren des Werkstückes in Verbindung mit einer Funktion zur Manipulation der Lage wird im folgenden das Werkstück der Stückzahl entsprechend verschachtelt. Geeignet hierfür ist vor allem das wiederholte Spiegeln des Werkstückes um eine Kante der Kontur. Im Gegensatz zum sonstigen Einsatz des Spiegelns zur Veränderung der Lage eines Werkstückes wird hierbei das ursprüngliche Werkstück nicht gelöst. Dieses Verfahren ist besonders einfach zu übersehen, wenn die Werkstückkontur einen rechteckigen Hüllkörper aufweist. Spiegelachsen können hierbei alle Werkstückkanten sein, wobei die Schnittfugenbreite automatisch als Abstand zwischen den Werkstücken berücksichtigt wird. Auch diese Möglichkeit ist im entwickelten Programm realisiert.

Es ist möglich, diese Eingabe- und Verschachtelungsstrategie dahingehend zu erweitern, daß auch bereits verschachtelte Teilegruppen aus gleichen oder unterschiedlichen Werkstücken durch Spiegeln mehrmals angeordnet werden. Diese Variante ist jedoch nicht bei allen Betriebssystemen graphischer Bildschirmkonfigurationen anzuwenden und wurde deshalb nicht programmiert.

Eine weitere Automatisierung der Verschachtelung im Dialog kann erreicht werden, wenn die Teile über eine Logik verschachtelt werden. Die Logik entspricht der im Programm zur algorithmischen Schachtelplanerstellung erläuterten Bildung von rechteckigen Teilekombinationen auf der Basis definierter Grundformen. In diesem Programm wurde die Logik darauf beschränkt, geometrisch identische Werkstücke zu verschachteln. Im folgenden soll zunächst die Eingabe der Werkstücke betrachtet werden.

6.3.1 Werkstückbeschreibung und -eingabe

Werkstücke können in den entwickelten Systemen elementweise oder über Grundformen beschrieben werden. Die Eingabe kann in beliebiger Kombination im Dialog oder über Lochkarten erfolgen. Über Lochkarten wird jeweils eine Gruppe von 10 Werkstücken entsprechend der Kartenreihenfolge eingelesen. Die Festlegung der Eingabeart erfolgt über den Bildschirm. Dem Benutzer wird ein Menü angeboten, in dem die bestehenden alternativen Möglichkeiten in Textform untereinander aufgeführt sind.

Zur elementweisen Werkstückeingabe wird ein weiteres Menü mit den infrage kommenden Elementarten, d. h. Linie, Kreis u. a. m. ausgegeben (Bild 50). Durch "Picken" der Elementart werden die

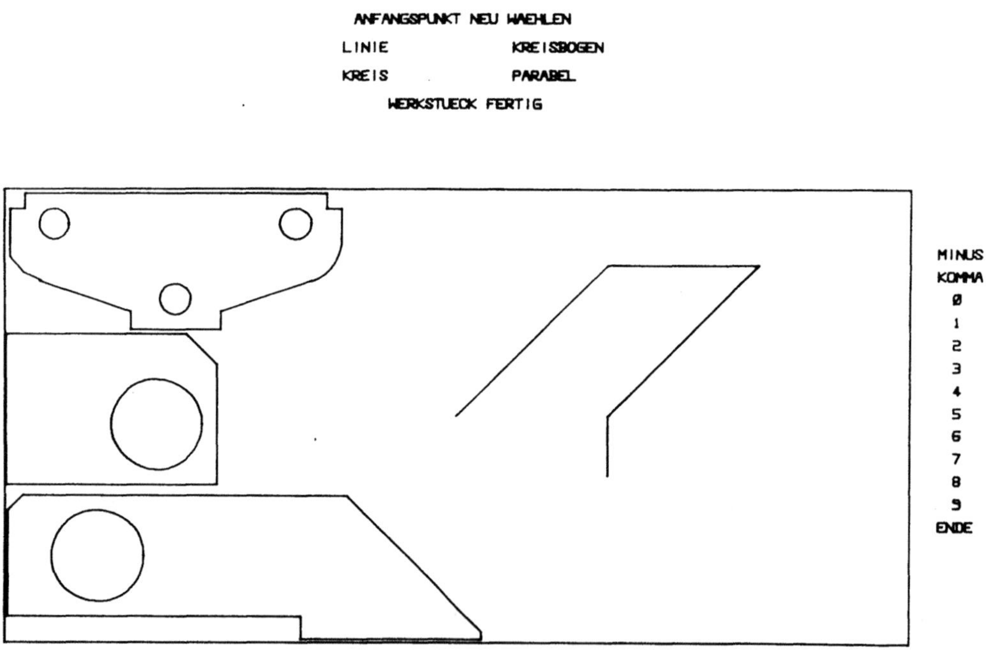

Bild 50: Elementweise Eingabe der Werkstückkontur (Plotterzeichnung)

variablen Daten aufgerufen. Mit Hilfe des Lichtstiftes werden die entsprechenden Abmessungen über ein Zahlenmenü eingegeben.

Es wurde nur eine begrenzte Anzahl von Konturelementen vorgesehen. Umfangreiche Untersuchungen zeigten, daß Blechteile zu 90 % aus Geraden, Kreisen oder Kreissegmenten bestehen /24/, so daß zur Werkstückbeschreibung keine große Zahl von Konturelementen erforderlich ist. Das Menü kann aber erweitert werden, so daß auch andere mathematische Kurven beschrieben werden können.

Vereinfacht wird die Werkstückeingabe dadurch, daß der Endpunkt des zuletzt eingegebenen Konturelementes automatisch als neuer Anfangspunkt des folgenden Elementes festgelegt wird (Bild 51).

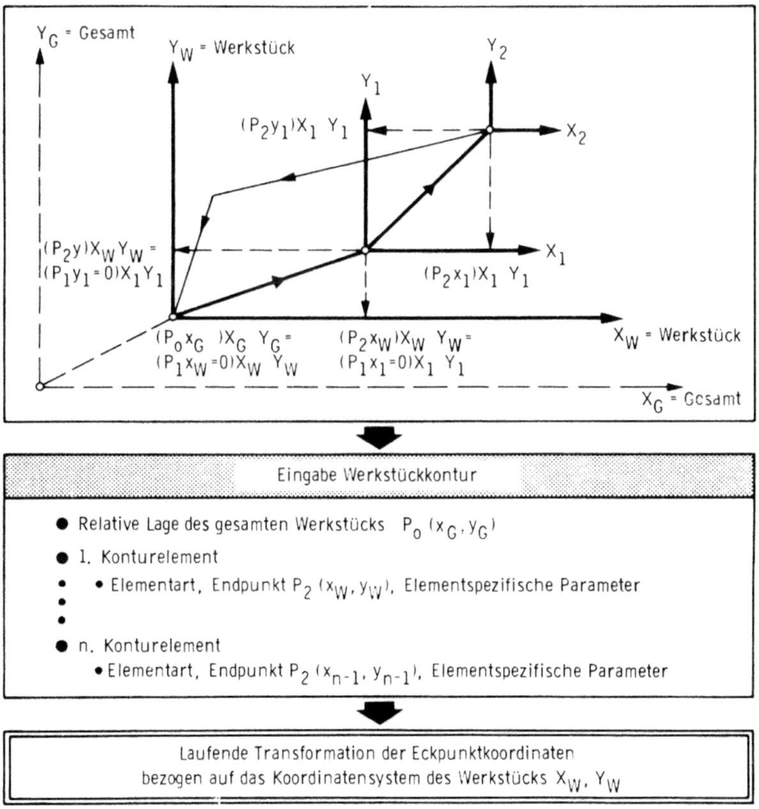

Bild 51: Koordinatentransformation bei der elementweisen Eingabe von Werkstückdaten im Dialog

Durch eine ständige Koordinatentransformation in den neuen Anfangspunkt ist der Bezugspunkt zur Dateneingabe stets der Anfangspunkt eines Konturelementes. Dadurch können die Koordinaten des Endpunktes direkt aus der Zeichnung ohne Zwischenrechnung abgelesen werden.

Die Eingabe eines Anfangspunktes ist nur in zwei Fällen erforderlich, und zwar bei Innenkonturen und zur Festlegung des ersten Punktes der Außenkontur. Der erste Punkt der Werkstückkontur stellt unabhängig vom Koordinatensystem des Bleches den Ursprung des werkstückbezogenen Koordinatensystems dar. Innenkonturen werden auf das Koordinatensystem des Werkstücks bezogen, indem die Koordinatenwerte des Anfangspunktes der Innenkontur bzw. der Mittelpunkt bei kreisförmigen Innenkonturen in Relation zum Anfangspunkt der Außenkontur eingegeben werden. Zuvor ist im dargestellten Menü "Anfangspunkt neu wählen" zu identifizieren. Die Eingabe beliebiger Außenkonturen von Restblechen erfolgt ebenfalls nach diesem Prinzip.

Vereinfacht wird die Eingabe von Werkstücken durch definierte Grundformen, da bei diesen die Art der Konturelemente sowie deren Anordnung festliegt (Bild 52). Die Grundformen werden in Form von Prinzipskizzen angeboten und können mit dem Lichtstift ausgewählt werden.

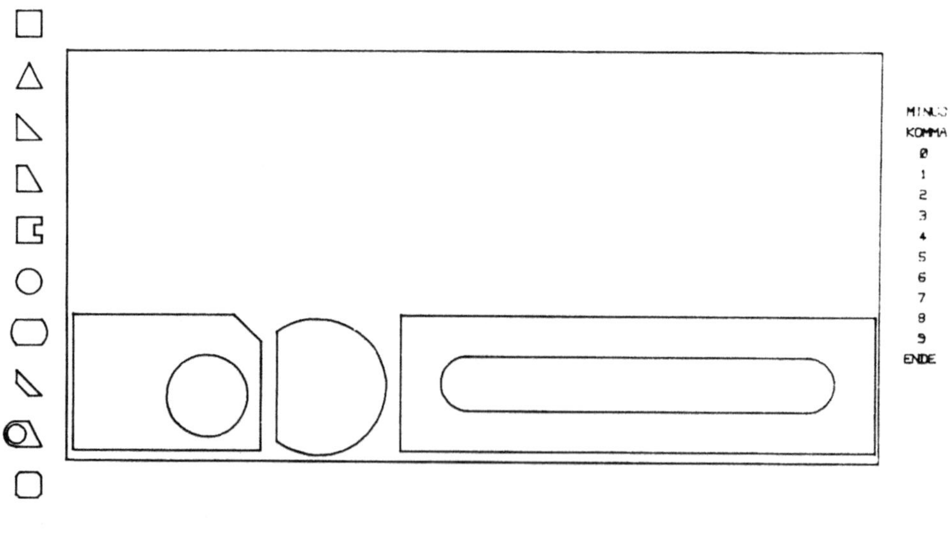

Bild 52: Grundformen zur Werkstückeingabe im Dialog

Nach der Auswahl einer Grundform erscheint eine Prinzipskizze mit einer Kennzeichnung der Variablen, d. h. Abmessungen und Losgröße, auf dem Bildschirm (Bild 53). Die dem Werkstück entsprechenden Werte werden mit Hilfe des Lichtstiftes eingegeben, wobei die entsprechenden Variablen vorab identifiziert werden.

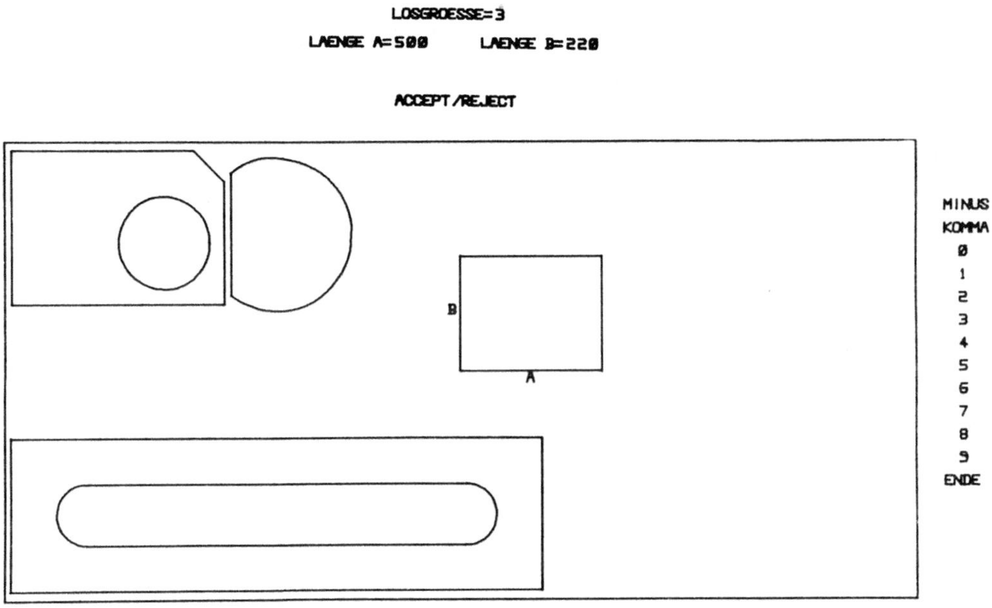

Bild 53: Dateneingabe für Grundformen am Beispiel des Rechtecks

Im realisierten Programm wurden keine werkstückunabhängig definierten Abweichungen vorgesehen, da das Prinzip und die Logik hierzu bereits im Programm zur algorithmischen Schachtelplanerstellung verwirklicht wurde. Beim Dialog über einen graphischen Bildschirm kann zur Festlegung der relativen Lage von Abweichungen direkt durch den Benutzer eine Identifikation von Bezugskante und -punkt vorgenommen werden. Die Abweichungen selbst können - wie bei den Grundformen beschrieben - als Prinzipskizzen angeboten werden.

Die Speicherung der Werkstückdaten erfolgt in einem dreidimensionalen Feld (Bild 54). Die Daten basieren auf den Koordinatenwerten

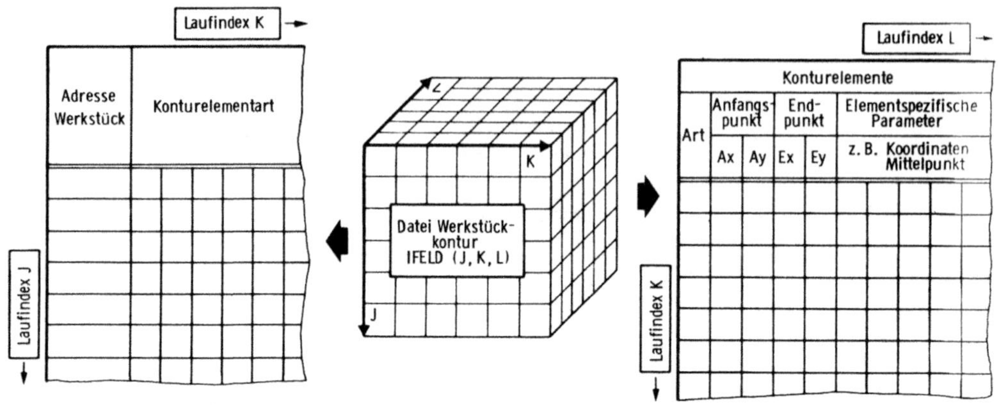

Bild 54: Speicherung der Werkstückdaten

der Eckpunkte und entsprechen damit den Daten, die im Programm zur algorithmischen Schachtelplanerstellung durch Umwandlung und Transformation der eingegebenen Werkstückdaten errechnet werden. Während in dem zuerst beschriebenen Programm alle Daten eines Werkstückes in einer Zeile gespeichert sind, werden die Daten einer Werkstückkontur in diesem Programm zur Erleichterung des Zugriffs auf einzelne Elemente in einem zweidimensionalen Feld abgelegt. Die Dateien der beiden Programme können einfach ineinander überführt werden.

Zur Darstellung der Werkstücke müssen die Werte mit dem durch die Darstellung des Rohbleches gegebenen Maßstab umgerechnet werden und entsprechend ihrer Lage in das Koordinatensystem des Bildschirms transformiert werden. Es besteht auch in diesem Programm die Möglichkeit, gespeicherte Werkstücke über ihre Identnummer abzurufen.

6.3.2 Funktionen zur Verschachtelung im Dialog

Im entwickelten Programm zur Schachtelplanerstellung im Dialog sind zwei Arten der Verschachtelung möglich und zwar eine algorithmische Verschachtelung identischer Teile, die definierten Grundformen entsprechen müssen, und eine Verschachtelung im Dialog durch Manipulation von Werkstücken.

Nach der Eingabe eines Werkstückes über eine Grundform wird der Algorithmus zur Verschachtelung über ein Menü, das auch die möglichen Eingabearten für Werkstücke enthält, aufgerufen. Zunächst wird nach Wunsch eine freie Fläche des Rohbleches mit Hilfe des Fadenkreuzes abgegrenzt. Entsprechend der Losgröße wird über die der Grundform zugeordnete Logik rechnerintern die Verschachtelung der Werkstücke durchgeführt. Die Logik entspricht im Prinzip der Logik zur Verschachtelung von Werkstücken zu Rechtecken (Kapitel 5.3). Speziell ist die Strategie, die abgegrenzte Fläche des Rohbleches zunächst in Felder mit der Werkstücklänge als Feldbreite zu unterteilen und die Werkstücke in Richtung der Feldlänge zu verschachteln. Wird das hierfür benötigte Feld überschritten, wird in der gleichen Weise das benachbarte Feld belegt (Bild 55). Die vom Benutzer insgesamt abgegrenzte Fläche darf jedoch nicht überschritten werden.

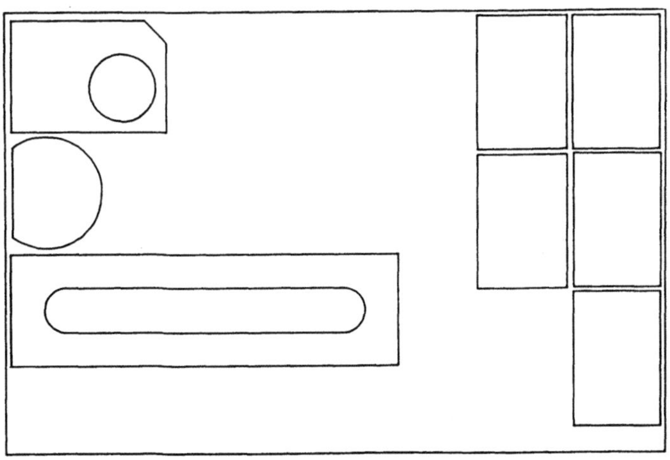

Bild 55: Algorithmische Verschachtelung über Grundform

Zum Manipulieren der Werkstücke im Dialog wurden Routinen entwickelt zum

- Schieben,
- Spiegeln,
- Drehen und
- Löschen der Teile.

Diese Routinen können nach der Eingabe des ersten Werkstückes in beliebiger Reihenfolge und in unbegrenzter Häufigkeit aufgerufen werden. Deshalb werden sie zusammen mit den möglichen Eingabearten dem Benutzer zur Auswahl angeboten (Bild 56). Nach dem Identifizieren der gewünschten Routine zur Manipulation eines Werkstückes wird jeweils ein spezielles Menü auf dem Bildschirm erzeugt.

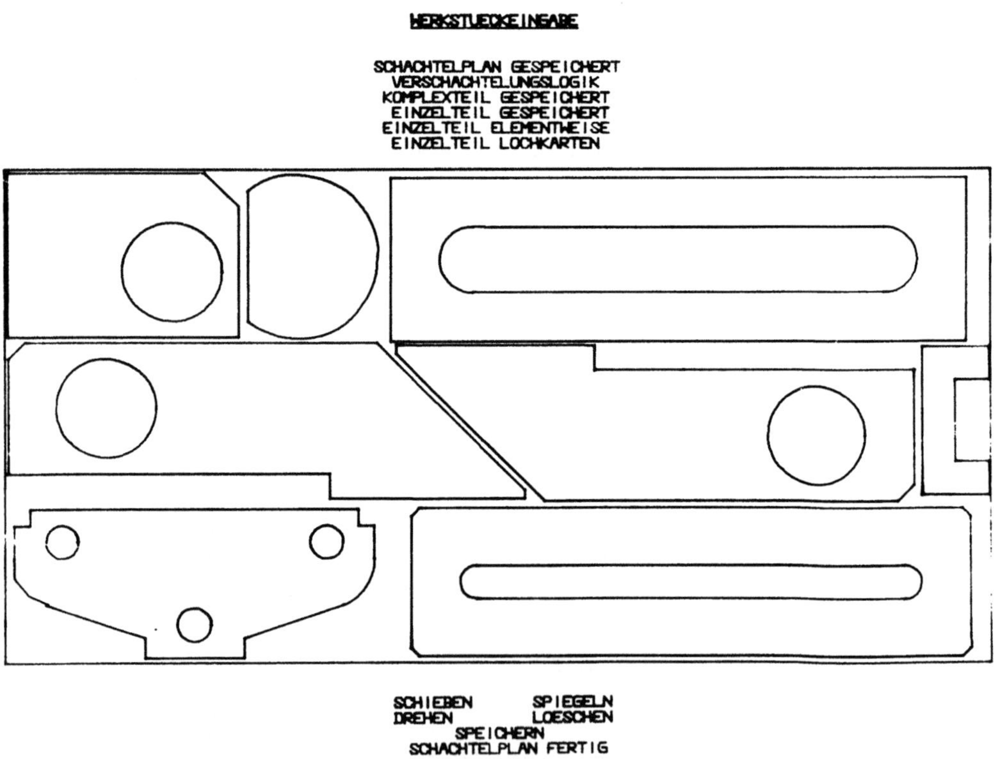

Bild 56: Menü zur Werkstückeingabe und Verschachtelung

Zum Schieben wird zuerst das Werkstück im "Picking-Mode", anschließend ein beliebiger Punkt der Werkstückkontur im "Tracking-Mode" identifiziert und durch erneutes Aufnehmen des "Tracking-Cross" die gewünschte Lage des gewählten Konturpunktes angegeben. Rechnerintern werden die neuen Werkstückkoordinaten berechnet und das Werkstück wird an der festgelegten Stelle dargestellt.

Die erarbeitete Routine zum Spiegeln (Bild 57) erfüllt, wie in Kapitel 6.3 erwähnt wurde, zwei unterschiedliche Funktionen. Zum einen dient sie zur Manipulation eines Werkstückes. Hierbei wird automatisch der ursprüngliche Zustand des Werkstückes auf dem Bildschirm und in der Werkstückdatei gelöscht. Zum anderen kann das Spiegeln eingesetzt werden, um ein einmal eingegebenes Werkstück mit einer Losgröße größer als eins zu reproduzieren und zugleich zu verschachteln. Hierbei wird der ursprüngliche Zustand nicht gelöscht (Spiegeln ohne Löschen) und die Werkstückdatei wird entspechend ergänzt.

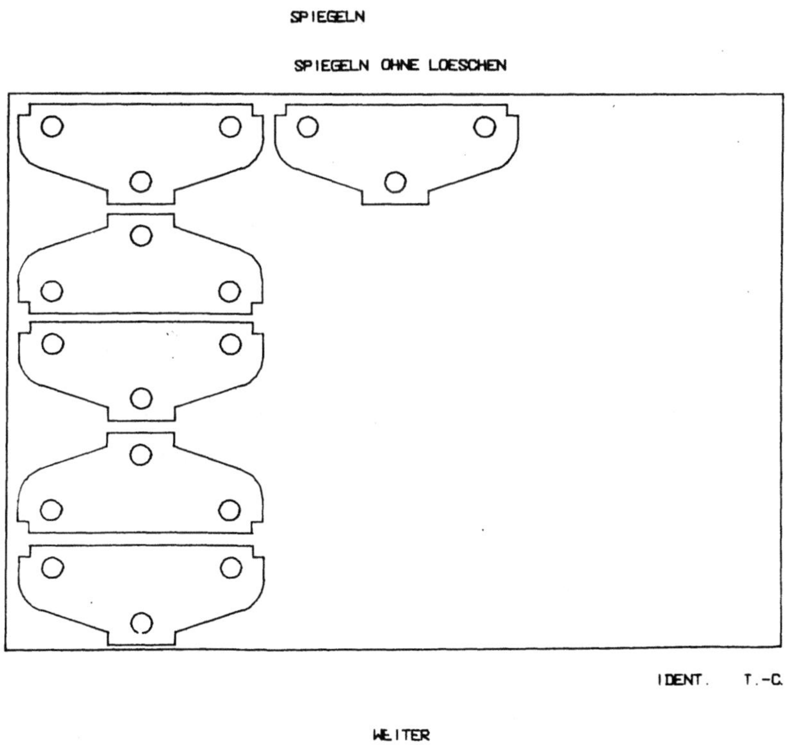

Bild 57: Menü zum Spiegeln von Werkstücken

Beim Spiegeln kann zum einen nach der Identifizierung des Teiles die Spiegelachse mit Hilfe des "Tracking-Cross" durch zwei Punkte beliebig festgelegt werden. Hierzu muß das rechts unten auf dem Bild erscheinende "T.-C." (Tracking-Cross) gewählt werden. Zum anderen besteht die Möglichkeit, eine beliebige Werkstückkante im "Picking-Mode" als Spiegelachse zu definieren. Diese Variante wird durch "IDENT" des Menüs angesprochen. Über "WEITER" erfolgt der Rücksprung ins Hauptprogramm.

Die Routine zum Drehen eines Werkstückes (Bild 58)wurde so entwickelt, daß zunächst über das "Tracking-Cross" ein beliebiger Drehpunkt festgelegt wird. Mit dem in der Abbildung rechts unten gezeigten Menü wird der Drehsinn bestimmt. Über die symbolisch darunter dargestellten unterschiedlichen Winkel wird im "Picking-Mode" der Drehvorgang automatisch eingeleitet, indem je

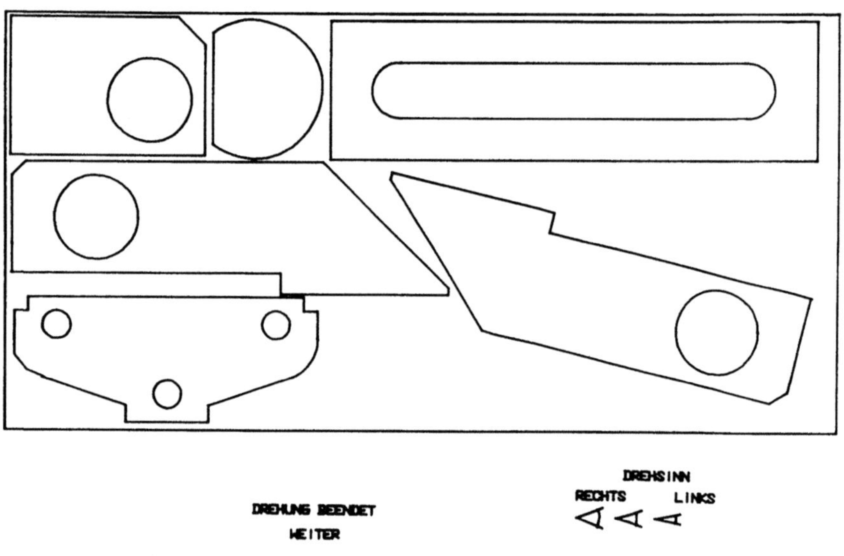

Bild 58: Menü zum Drehen von Werkstücken

nach der gewünschten Winkelgröße ein schrittweises Drehen um 45, 10 oder 2 Grad ausgeführt wird bis über den Lichtstift eine Unterbrechung dieses Vorgangs erfolgt. Der Wechsel des Drehsinnes oder der Winkelschritte ist beliebig möglich. Durch Picken von "Drehung beendet" wird der Vorgang abgeschlossen und ein anderes Werkstück kann gedreht werden. Der Rücksprung ins Hauptprogramm wird durch Identifizieren von "Weiter" ermöglicht. Durch den ständigen Rücksprung in das Hauptprogramm wird eine beliebige Reihenfolge der Werkstückeingabe und -verschachtelung und damit eine sehr große Flexibilität des Programms gewährleistet.

Bei der Anordnung der Teile wird die Schnittfugenbreite als Mindestabstand eingehalten. Gegenüber der Begrenzung des Rohbleches stellt der berechnete Besäumrand den Mindestabstand dar. Darüber hinaus kann jeder beliebige Abstand gewählt werden.

Die Teile werden mit Ausnahme der Werkstücke, die Grundformen und Algorithmen zur Kombination zugeordnet werden, im Dialog verschachtelt. Der Benutzer ist in der Kombination der Teile deshalb auf den optischen Eindruck angewiesen. Um ihm ein Maß der Güte der Verschachtelung zu geben, wird laufend die Verschnittquote berechnet und über den Drucker ausgegeben.

Ein wesentlicher Vorteil der Verschachtelung im Dialog liegt darin, daß beliebige Restbleche verarbeitet werden können. Da diese in Abhängigkeit der zuvor aus dem Restblech ausgebrannten Teile sehr unterschiedliche Konturen aufweisen, ist die Verschachtelung im Dialog hierfür besonders geeignete. Darüber hinaus können auch technologische Einflüsse des Brennschneidens berücksichtigt werden. Beispielsweise ist es einfach möglich, bei dünnen Blechen sogenannte Wärmebrücken im Schachtelplan freizulassen.

Auch beim Einsatz dieses Programms ist anzustreben, die Teile einmalig zu beschreiben und im Wiederholfall über die Identnummer von der Magnetplatte abzurufen. Ein vergleichbarer Effekt kann jedoch auch dadurch erreicht werden, daß die Beschreibung auf Lochkarten gespeichert wird. Sie können von der Schachtelplanerstellung maschinell nach den Blechdaten sortiert werden. Das Heraussuchen der Karten nach Fertigungstermin muß manuell erfolgen.

6.4 Ausgabe von Schachtelplänen

Die Ausgabe von Schachtelplänen ist bei diesem Programm einfacher als bei dem Programm zur algorithmischen Schachtelplanerstellung. Da auf dem Bildschirm der Schachtelplan stets dem aktuellen Stand entsprechend dargestellt wird, liegen die Daten des Schachtelplanes zwangsläufig vor. Allerdings ist diese Darstellung auf das Koordinatensystem des Bildschirms bezogen. Zur Ausgabe ist deshalb eine Transformation auf das Koordinatensystem des Bleches notwendig, wobei der Darstellungsmaßstab auf dem Bildschirm berücksichtigt wird.

Bild 59 zeigt einen mit diesem Programmsystem erzeugten Schachtelplan, der über einen angeschlossenen Trommelplotter gezeichnet wurde.

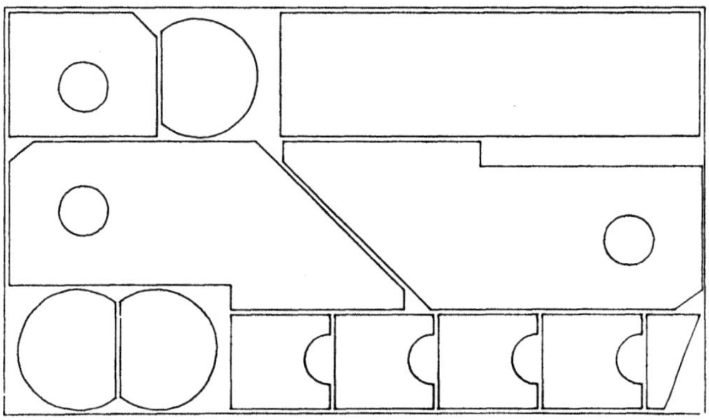

Bild 59: Im Dialog erstellter Schachtelplan

Neben der Ausgabe des Schachtelplanes über einen Plotter ist auch die Speicherung auf Platte oder die Ausgabe über Lochstreifen möglich. Da ein Schachtelplan noch keinen Informationsträger darstellt, der direkt zur Steuerung von Maschinen eingesetzt werden kann, ist die Speicherung der Schachtelplandaten bzw. eine nachfolgende Weiterverarbeitung zu einem Schnittplan notwendig.

6.5 Einsatz und Erweiterung des Programms

Der ausschließliche Einsatz dieses Programms zur Schachtelplanerstellung im Dialog ist vor allem in Unternehmen zweckmäßig, in denen nur in geringem Maße das Problem der Verschnittplanung unterschiedlicher Teile auftritt. Gerade in diesen Fällen gewinnt das Problem der Restbleche eine sehr große Bedeutung, wogegen die Minimierung des Verschnittes zurücktritt.

Zur Zeit werden interaktive Bildschirm im Vergleich zu passiven graphischen Bildschirmen noch relativ selten eingesetzt. Da zur Dialogeingabe mit dem Lichtstift eine größere Bildschirmfläche zweckmäßig ist, sind hierfür neben dem Problem der Auslastung eines solches Gerätes Kostenaspekte entscheidend. Beim praktischen Einsatz des Systems ist daher die Verwendung eines passiven graphischen Bildschirmgerätes wahrscheinlich. Der im erstellten Programm angewendete "Picking-Mode" muß in diesem Fall durch andere Lösungen ersetzt werden.

Zum einen ist zur Vermeidung des "Picking-Mode" ein verstärkter Einsatz einer Eingabetastatur zweckmäßig. Vor allem Werkstücke und Restbleche können - wie beim Programm zur algorithmischen Schachtelplanerstellung erläutert - auch einfach über eine Tastatur beschrieben werden. Die Steuerung des Eingabedialogs kann über den Bildschirm vorgenommen werden, wobei beispielsweise mit Hilfe von Prinzipskizzen für Grundformen und einer Liste der dazugehörenden variablen Daten mit fester Reihenfolge eine effektive Unterstützung des Benutzers zu erreichen ist.

Bei den entwickelten Routinen zur Manipulation von Werkstücken auf dem Bildschirm wurde nur beim Spiegeln um eine Werkstückkante sowie beim Drehen der "Picking-Mode" verwendet. Beliebige Spiegelachsen hingegen werden über das "Tracking-Cross" festgelegt. Diese Variante ersetzt aufgrund der größeren Flexibilität bereits das Spiegeln um eine Werkstückkante.

Eine mögliche Lösung, um außerdem das direkte Spiegeln um eine Werkstückkante auf einem passiven Bildschirm durchzuführen, stellt die Numerierung der Kanten dar. Diese Numerierung kann bei der elementweisen Beschreibung einer Kontur entsprechend der Reihenfolge der Eingabe vergeben werden, während sie bei Grundformen zur Angabe der relativen Lage von Abweichungen generell festgelegt werden kann (Kapitel 5.2). Durch Eintippen der Kantennummer ist in Verbindung mit einem entsprechenden Algorithmus auch das Spiegeln um eine Werkstückkante möglich, wobei die Nummern automatisch auf dem Bildschirm dem Werkstück zugeordnet werden.

Der "Tracking-Mode" zum Drehen ist einfach zu realisieren, indem der Drehpunkt und der Drehwinkel mit dem Fadenkreuz identifiziert werden. Der Drehwinkel kann festgelegt werden, indem ein beliebiger Punkt der Werkstückkontur ausgewählt und dessen neue Lage angegeben wird.

Von einigen Rechnerherstellern werden darüber hinaus heute bereits derartige Handhabungsroutinen als Standardsoftware mitgeliefert, so daß diese Funktionen bereits direkt durchführbar sind. Unter dem Gesichtspunkt einer einfachen Handhabung kann es zweckmäßig sein, diese Standardroutinen an den Dialogschnittstellen zu modifizieren.

Das Programm wurde in der Programmiersprache FORTRAN geschrieben. Die relativ kleine Kernspeicherkapazität des verwendeten Rechners von 32 K Worten, von denen ca.9 K durch das Betriebssystem belegt sind, erfordert auch hier eine Splittung des Programmsystems in kleine Module unter Anwendung der Overlay-Technik. Die Abgrenzung der Programmodule erfolgte problemorientiert, so daß jedem der in Bild 47 aufgeführten Schritte ein Unterprogramm entspricht. Eine weitere Unterteilung der Programmstruktur ist zur algorithmischen Verschachtelung von Grundformen notwendig. Auf dieser Ebene greift das Programm auf Standard- und Bibliotheksroutinen zurück. Beispiele hierfür sind Routinen zur Erzeugung eines Zahlenmenüs, Koordinateneingabe mit Hilfe des "Tracking-Cross" oder Löschen von identifizierenden Objekten. Hierdurch müssen bei der Übertragung dieses Programms auf eine andere Rechenanlage unter der Voraussetzung, daß entsprechende Standardroutinen vorhanden sind, die hieraus resultierenden Schnittstellen angepaßt werden.

Neben dem selbständigen Einsatz kann das Programm auch zur Verbesserung algorithmisch erstellter Schachtelpläne verwendet werden. Hierbei ist es zweckmäßig, die beiden Programme auf einer Rechenanlage zu implementieren. Für diesen Anwendungsfall ist eine Variante des Gesamtsystems denkbar, die sich aus zwei Bausteinen der beiden Programme zur Schachtelplanerstellung zusammensetzt.

Bei dieser Variante werden wie im Programm zur algorithmischen Schachtelplanerstellung alle Werkstücke zu Beginn des Rechenlaufes eingegeben bzw. über ihre Identnummer abgerufen und mit Hilfe der Logik zur Kombination von Teilen zu Rechtecken verschachtelt. Diese Rechteckkombinationen werden darauf im Dialog über einen passiven graphischen Bildschirm auf dem Rohblech kombiniert. Hierbei ist es hilfreich, die Rechtecke zuvor nach Abmessungen auf der Blechplatte anzuordnen, denn kleine Rechtecke können relativ einfach in zwangsläufig entstehende Lücken eingelastet werden.

Eine weitere Hilfestellung bei der Anordnung der Rechtecke kann eine Logik geben, mit der gleiche Rechtecke auf einem im Dialog abgegrenzten Feld verschachtelt werden. Diese Möglichkeit wurde zuvor (Bild 55) bei der Schachtelplanerstellung im Dialog erläutert. Hierbei ist eine Erweiterung möglich, so daß auch Rechtecke, deren Abmessungen innerhalb relativer, vorgegebener Grenzen liegen, automatisch auf dem Bildschirm angeordnet werden. Mit dieser Variante kann im Vergleich zu der ausschließlichen Verschachtelung im Dialog ein wesentlicher Schritt zur Automatisierung durchgeführt werden, wobei das System jedoch sehr flexibel bleibt und keine langen Rechenzeiten erfordert.

Der erstellte Schachtelplan stellt noch keinen Informationsträger zur direkten Steuerung von Maschinen dar. Durch eine manuelle Ergänzung mit Anschnittradien und eventuell Verbindungsstegen zwischen einzelnen Werkstücken kann er jedoch ohne großen Aufwand so aufbereitet werden, daß er als Schneidplan für photoelektrisch mit Strichmittenabtastung gesteuerte Maschinen verwendet werden kann. Gegenüber der Alternative, diesen Schneidplan im Dialog mit dem Rechner zu erzeugen, ist die manuelle Ergänzung eines

Schachtelplanes in die Betrachtungen mit einzubeziehen, falls die Verschachtelung ausschließlich algorithmisch erfolgt und keine NC-Maschinen zum Trennen von Blechen vorhanden sind.

7. Programm zur Schneidplanerstellung im Dialog

Ausgehend von einem Schachtelplan besteht das Ziel der Schneidplanerstellung darin, zum einen den zur Maschinensteuerung notwendigen Informationsträger, d. h. den Schneidplan, und zum anderen zusätzliche Informationen für das Bedienungspersonal der Maschinen bereitzustellen.

7.1 Übersicht über das entwickelte Programmsystem

Der Ablauf des Programmsystems zur Schneidplanerstellung ist in Bild 60 dargestellt /3/. Zunächst erfolgt die Auswahl der Maschine. Bei einigen Brennschneidemaschinen kann wahlweise eine automatische Schnittfugenkompensation durchgeführt werden, wobei jedoch der Umfahrsinn des Brenners um das Werkstück berücksichtigt werden muß. Aufgrund der hieraus resultierenden Fehlermöglichkeiten wird generell eine algorithmische Schnittfugenkompensation durchgeführt, indem die Außenkontur der Werkstücke um die halbe Schnittfugenbreite vergrößert bzw. die Innenkontur verkleinert wird.

Zur Erstellung des Lochstreifens für NC-Brennschneidemaschinen müssen folgende weitere Größen bestimmt werden,

- Brennerweg, d. h. Schneidweg und zusätzlich notwendige Brennerwege zwischen den Schneidvorgängen,
- Geschwindigkeiten des Brenners, d. h. Schnitt- und Eilgangsgeschwindigkeit,
- Gaszufuhr,
- Anschnittpunkte und damit der Vorgang des Lochstechens.

Zwischen diesen Daten bestehen Abhängigkeiten, so daß ein Zusammenfassen mehrerer Befehle sinnvoll ist, um die Handhabung bei der Datenfestlegung im Dialog zu vereinfachen.

Neben der Bestimmung der Steuerinformationen kann der Maschinensteuerung entsprechend (Kapitel 3) auch eine geringfügige Korrektur der geometrischen Anordnung der Werkstücke zweckmäßig sein.

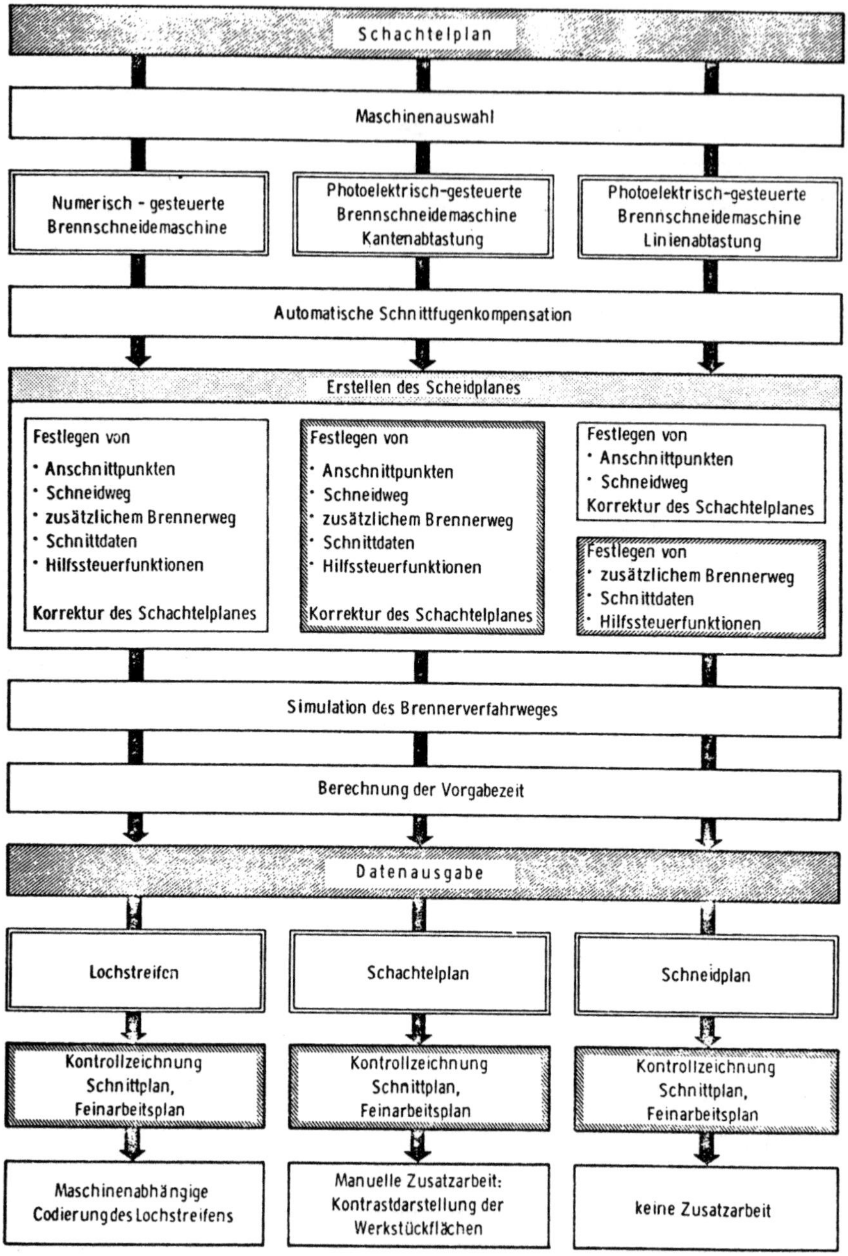

Bild 60: System zur Schneidplanerstellung

Nach der Festlegung des kompletten Schnittplanes kann zusätzlich auf dem Bildschirm eine Simulation des Brennerweges durchgeführt werden, um eine rechtzeitige und schnelle Korrektur des Schneidplanes zu ermöglichen. Gegenüber dem statischen Bild des Schnittplanes hat die Simulation den Vorteil, daß die Schnittfolge in ihrem zeitlichen Verlauf sichtbar wird. Da die Simulation jedoch nur eine Reproduktion vorhandener Daten darstellt, wurde sie nicht gesondert programmiert, zumal der Schneidplan als zweidimensionales Gebilde auch in statischer Form einfach zu übersehen ist.

Die Form der Ausgabe erfolgt entsprechend der Steuerung der Maschine (Bild 5). Zusätzlich wird eine Kontrollzeichnung des Schachtelplanes mit der vollständigen Schnittfolge sowie ein Feinarbeitsplan mit der Vorgabezeit und den Schnittdaten ausgegeben. Vor der Ausgabe eines Lochstreifens für NC-Maschinen müssen die erarbeiteten Daten eventuell hinsichtlich Brennergeschwindigkeiten angepaßt werden, und die Codierung muß der Maschinensteuerung entsprechend übersetzt werden. Ein hierzu erforderlicher maschinenspezifischer Postprocessor wurde nicht angeschlossen.

Schachtelpläne für Maschinen und Kantenabtastung müssen manuell aufbereitet werden, da ein Kontrastdarstellung der Werkstücke erforderlich ist. Hierbei besteht die Möglichkeit, die Werkstücke des Schachtelplans zusätzlich über einen Plotter mit Schneidkopf auszuschneiden und dann dem erstellten Schachtelplan entsprechend anzuordnen oder in den ausgegebenen Schachtelplan einzukleben.

Brennschneidemaschinen können vielfach auch zum Körnen von Blechteilen verwendet werden. Hierdurch kann beispielsweise das manuelle Anreißen von Blechteilen ersetzt werden, auf die anschließend andere Teile geschweißt werden. Vom Prinzip her entspricht dieser Vorgang der Festlegung des Schnittweges. An die Stelle der Werkstückkontur tritt in diesem Fall eine zusätzliche Beschreibung der Körnerlinien auf den einzelnen Werkstücken. Die Reihenfolge des Körnens der einzelnen "Körnerkonturen" kann analog zu der im folgenden näher beschriebenen Festlegung des Brennerweges durchgeführt werden. Der Vorgang des Körnens wurde aus diesen Gründen im erstellten Programm nicht berücksichtigt.

7.2 Schneidplanerstellung

Ein Schachtelplan stellt die Eingabedaten zur Schneidplanerstellung dar. Im ersten Schritt der Schneidplanerstellung wird zunächst eine Maschinenauswahl durchgeführt. Hierdurch wird vor allem die Steuerungsart der Maschine festgelegt. Die Schnittgeschwindigkeit wird nach einer allgemeingültigen Funktion in Abhängigkeit der Blechdicke berechnet und auf dem Bildschirm ausgegeben. Als Eilganggeschwindigkeit wird ein Wert festgelegt. Beide Daten können über ein Zahlenmenü im Dialog angepaßt werden.

Es ist möglich, die Maschinenauswahl zu erweitern, so daß über die Maschinennummer die berechnete Schnittgeschwindigkeit an die Maschinendaten angepaßt und die Eilganggeschwindigkeit der Maschine übernommen wird. Die Anpassung an die Maschinendaten kann jedoch auch über einen Postprocessor nach Abschluß einer maschinenunabhängigen Schneidplanerstellung durchgeführt werden.

Im folgenden Schritt wird eine Schnittfugenkompensation durchgeführt. Im Schachtelplan werden die Werkstückkonturen mit ihren tatsächlichen Abmessungen dargestellt. Im Schnittplan hingegen werden die Wege des Werkzeuges, d. h. des Brenners beschrieben. Jedes Konturelement des Werkstückes wird deshalb um die halbe Schnittfugenbreite verschoben. Ist die Stegbreite zwischen zwei Werkstücken gleich der Schnittfugenbreite, fallen die beiden Kanten übereinander. Mit einem Brennerschnitt werden in diesem Fall die Kanten zweier Werkstücke hergestellt.

Die Kompensation der Schnittfugenbreite kann nach zwei unterschiedlichen Methoden erfolgen (Bild 61). Kennzeichnend für die in der Abbildung rechts dargestellte Variante ist, daß die Werkstückkanten parallel um die halbe Schnittfugenbreite verschoben werden. Bei dieser Lösung wird jedoch bei Kanten, die in einem spitzen Winkel zusammenstoßen, ein sich stark überlappender Brennerweg erzeugt. Dadurch ist bei dieser Methode der notwendige Mindestabstand zwischen zwei benachbarten Werkstücken an Konturspitzen bedeutend größer als die Schnittfugenbreite.

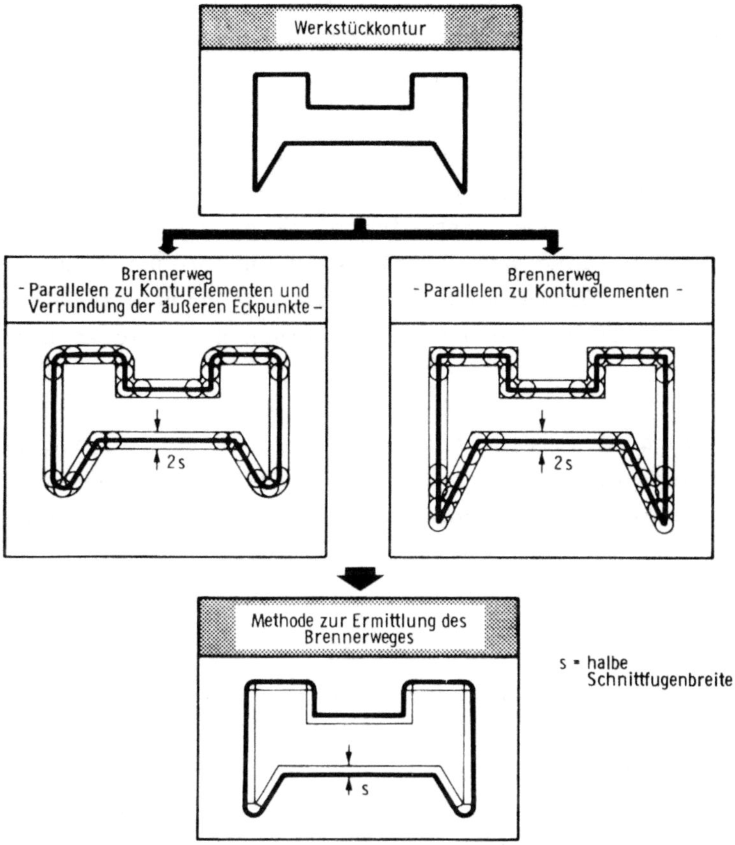

Bild 61: Automatische Kompensation der Schnittfugenbreite

Dieser Nachteil wird bei der zweiten Methode vermieden. Im Gegensatz zu der ersten Methode beschreibt hierbei der Brennermittelpunkt an außen liegenden Eckpunkten einen Kreisbogen um diese Punkte. Der Radius des Kreisbogens ist gleich der halben Schnittfugenbreite. Die Endpunkte des Kreisbogens ergeben sich, indem Eckpunkte des Werkstücks in Richtung der Normalvektoren auf die Konturelemente um die halbe Schnittfugenbreite verschoben werden. Bei kurvenförmigen Werkstückkonturen steht der Normalvektor senkrecht auf der Tangente an die Kurve im Eckpunkt des Werkstückes. Eckpunkte einer Kontur werden hierbei als außenliegend definiert, wenn sich die nach außen gerichteten Normalvektoren nicht schneiden. Bei innenliegenden Eckpunkten, bei denen diese Bedingung nicht erfüllt ist, werden deshalb die Konturelemente des Werkstückes parallel verschoben.

Der Schneidvorgang nach der zweiten Methode führt geometrisch exakt zu der eingegebenen Werkstückkontur. Der Abstand des Brennermittelpunktes vom Werkstück ist hierbei immer gleich der halben Schnittfugenbreite. Eine Innenkontur wird entsprechend um die halbe Schnittfugenbreite verkleinert. Aus diesen Gründen wird die Kompensation der Schnittfugenbreite automatisch nach dieser Methode durchgeführt.

Die Schneidplandaten werden im folgenden Schritt im Dialog zwischen Benutzer und Rechner über den graphischen Bildschirm bestimmt. Hierbei ist der Weg des Brenners beim Ausschneiden aller verschachtelten Teile festzulegen. Den Wegelementen sind die Brennergeschwindigkeiten zuzuordnen, da neben Schneidvorgängen auch Wege im Eilgang auftreten.

Der Weg, den der Brenner zurücklegt, kann direkt von den definierten Wegelementen abgeleitet werden. Hingegen sind die Vorgänge zum Schalten des Brennsauerstoffes und in begrenztem Maße die Schnittgeschwindigkeit und Brennerhöhe von dem davorliegenden Wegelement abhängig. Der Grund hierfür liegt darin, daß die Wegelemente, die zwischen Werkstücken liegen, beliebig miteinander kombiniert werden können. Dadurch ist es möglich, daß einem Wegelement, das z. B. ausgebrannt wird, ein Element folgt, das ebenfalls ausgebrannt oder im Eilgang durchfahren wird. Im ersten Fall bleibt der Schneidsauerstoff eingeschaltet, während er im zweiten Fall ausgeschaltet wird.

Eine Modifikation dieser Abhängigkeiten ergibt sich bei den mit Einlauf bezeichneten Wegelementen, d. h. Einlauf gekrümmt oder gerade. Aufgabe dieser Elemente ist es, den Brenner tangential an die Werkstückkontur heranzuführen.

Der Brenner schneidet diese Elemente demnach immer aus. Wurde das davorliegende Wegelement im Eilgang ohne Schneidsauerstoff durchfahren, muß neben den Einschaltvorgang des Sauerstoffs auch der Lochstechvorgang ausgeführt werden. Hierbei ist die Brennergeschwindigkeit parallel zur Rohblechoberfläche Null, während senkrecht hierzu ein definierter Bewegungsvorgang abläuft. An den Lochstechvorgang schließt sich unmittelbar der normale Schnittvorgang an.

Darüber hinaus wird durch das Wegelement "Einlauf" auch die Richtung bestimmt, mit der die Werkstückkontur umfahren wird (Bild 62). Ein gerader Einlauf soll bevorzugt verwendet werden, um den Schnitt an einem Eckpunkt in die Kontur einzuleiten. Für beliebige Punkte der Werkstückkontur hingegen wird ein gekrümmter Einlauf gewählt. Der Brenner behält die über den Einlauf bestimmte Richtung bei, so daß unmittelbar der Umfahrsinn festgelegt ist.

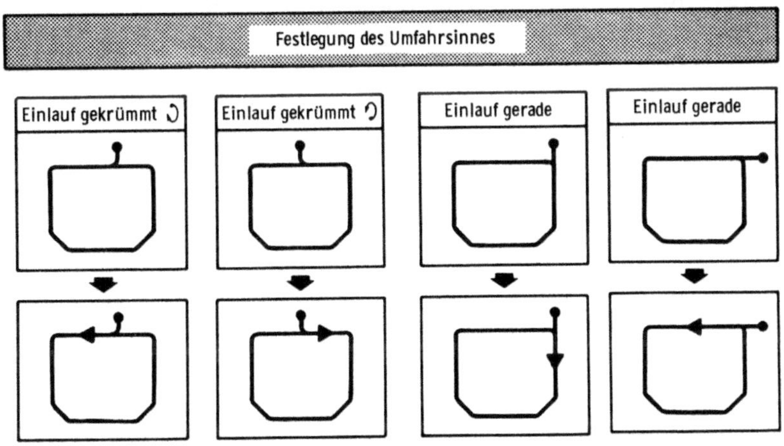

Bild 62: Festlegung des Umfahrsinnes von Werkstücken

Beim gekrümmten Einlauf wurden zur Erleichterung der Handhabung entsprechend der beiden unterschiedlichen Einlaufrichtungen in einen Konturpunkt zwei Krümmungen als Wegelemente definiert. Durch die Wahl des Anfangspunktes des Konturschnittes und der Krümmungsrichtung ist aufgrund der Bedingung des tangentialen Einlaufs dieses Element bestimmt. Hierbei ist der Krümmungsradius konstant. Es ist jedoch einfach, den Radius in Abhängigkeit der Blechdicke über eine Funktion zu modifizieren. Um einen guten Anschluß des gekrümmten Einlaufs an davorliegende Wegelemente zu ermöglichen, kann dessen Lage über einen besonderen Befehl im Dialog korrigiert werden.

Mit diesen Elementen und der damit implizit verbundenen Logik, die aus den erläuterten Abhängigkeiten resultiert, können die gesamten Schneidplandaten im Dialog über den graphischen Bildschirm festgelegt werden. Die Wegelemente werden hierzu dem Benutzer als Menü angeboten. Bild 63 zeigt dieses Menü zusammen mit einem Schnittplan. Der Dialog wird wie folgt gehandhabt.

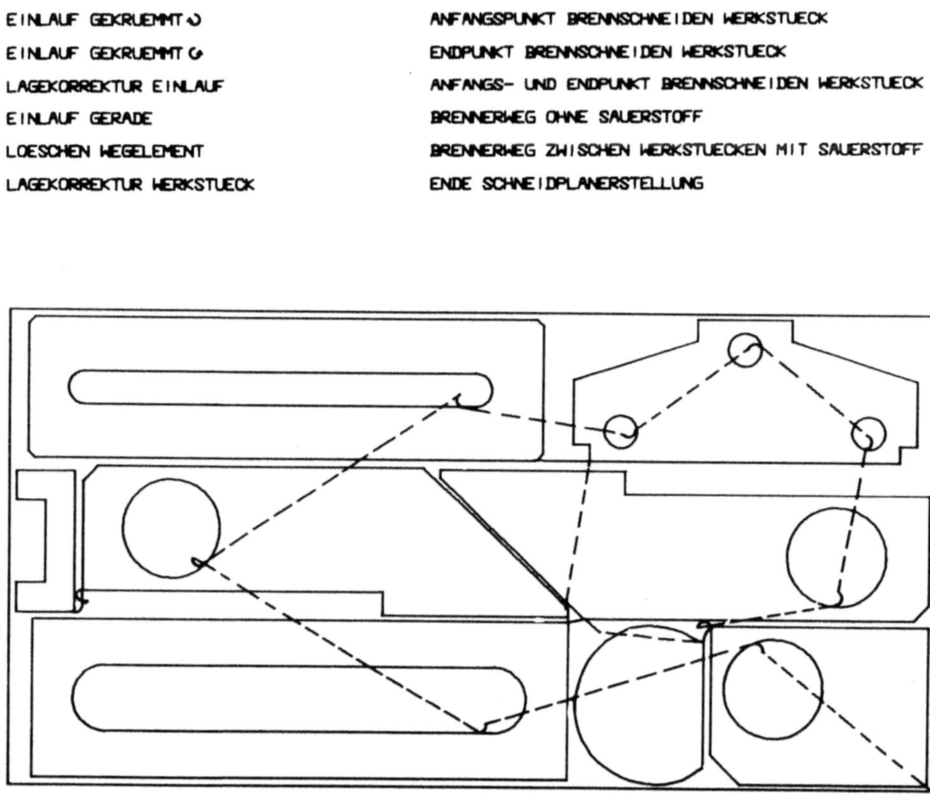

Bild 63: Menü zur Schneidplanerstellung im Dialog

Das gewünschte Wegelement wird zunächst mit Hilfe des Lichtstiftes durch Anpicken ausgewählt. Darauf werden jeweils der Anfangs- und Endpunkt eines Wegelementes bestimmt. Da der Brennerweg in seiner zeitlichen Folge festgelegt wird, muß in der Regel nur der Endpunkt des folgenden Wegelementes eingegeben werden. Ausnahmen hiervon stellen der Startpunkt des Schnittes sowie das teilweise Ausbrennen einer Werkstückkontur dar. Das Positionieren der Punkte wird mit Hilfe des Fadenkreuzes durchgeführt, das durch die Wahl eines Wegelementes aufgerufen wird.

Die Wegelemente werden unmittelbar nach ihrer Eingabe auf dem Bildschirm erzeugt. Wege, die im Eilgang zu durchfahren sind, werden in gestrichelter Form ausgegeben, so daß ein guter Überblick über den Schnittplan gewährleistet ist.

Die Wegelemente werden der bei der Eingabe gewählten Reihenfolge und Abgrenzung entsprechend zusammen mit den zusätzlich erforderlichen Daten zur Steuerung gespeichert. Durch die Auswahl von "Ende Schneidplanerstellung" wird der folgende Schritt, die Ausgabe der Daten, eingeleitet. Es ist dadurch möglich, die Schneidplanerstellung an beliebiger Stelle abzubrechen, so daß ein Schneidplan für photoelektrisch gesteuerte Maschinen erstellt werden kann, ohne den kompletten Schnittplan zu erzeugen.

7.3 Datenausgabe

Ausgegeben wird zum einen der Schneidplan, der die Anforderungen seitens der Maschinensteuerung erfüllen muß, sowie zusätzliche Daten zur Information des Werkstattpersonals.

Ein Schneidplan enthält nur die Daten, die zur Steuerung der Maschine erforderlich sind. Für photoelektrisch über Linienabtastung gesteuerte Maschinen werden hierzu die Brennerwege, die ohne Ausbrennen des Materials durchlaufen werden, unterdrückt. Maschinenabhängig ist zudem der entsprechende Darstellungsmaßstab vorzugeben. Bild 64 zeigt ein Beispiel eines derartigen Schneidplans.

Bei NC-Brennschneidemaschinen entspricht der Schneidplan dem Schnittplan hinsichtlich der enthaltenen Daten. Jedoch ist die Art des Datenträgers, die Codierung der Daten, sowie die Reihenfolge der Anordnung abhängig von der jeweiligen Maschinensteuerung. Die zur Umcodierung erforderlichen Schritte werden nicht durchgeführt.

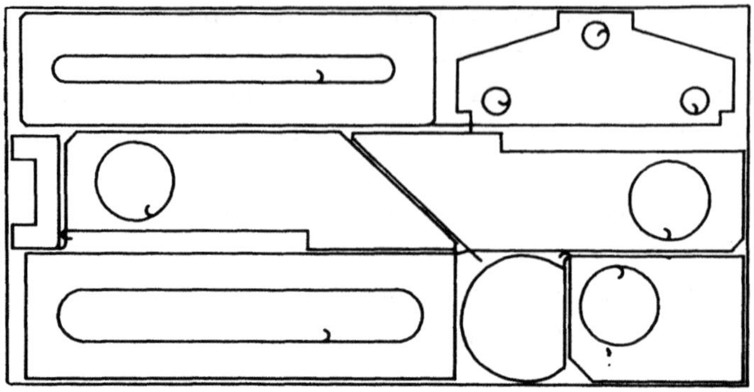

Bild 64: Schneidplan für photoelektrisch über Linienabtastung gesteuerte Brennschneidemaschinen

Als zusätzliche Information wird ein Schnittplan in graphischer Form über den Plotter ausgegeben (Bild 65). Dieser Schnittplan entspricht dem zuvor auf dem Bildschirm erstellten Plan. Weitere Informationen, wie die gewählten Brennergeschwindigkeiten, werden darüber hinaus ausgedruckt.

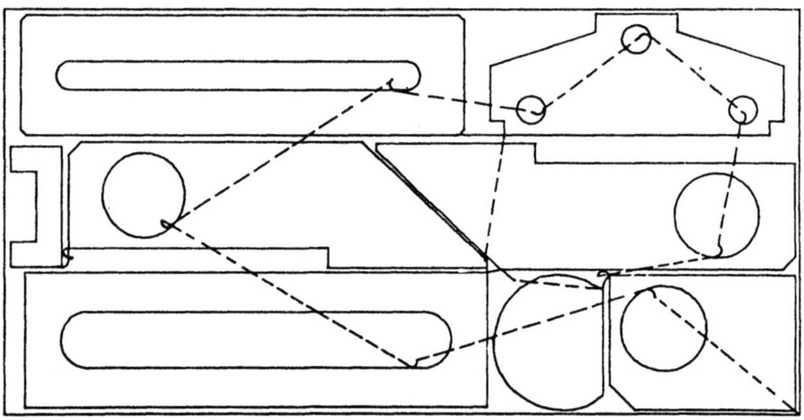

Bild 65: Schnittplan zur Information des Werkstattpersonals

7.4 Einsatz und Erweiterung des Programms

Das Programm zur Schneidplanerstellung im Dialog stellt eine direkte Ergänzung des Programms zur Schachtelplanerstellung im Dialog dar. Wie aus der Erläuterung des Programms deutlich wurde, erfordert die Schneidplanerstellung im Vergleich zur Verschachtelung von Teilen nur einen relativ geringen Mehraufwand. Jedoch werden wesentliche Informationen zusätzlich erzeugt, so daß zum einen die Steuerung der Maschine direkt möglich ist und zum anderen zweckmäßige Informationen für das Bedienungspersonal zur Verfügung gestellt werden.

Für die Übertragung des Programms auf andere Rechenanlagen gelten analog die in Kapitel 6.5 angeführten Punkte. Beim Einsatz eines graphischen passiven Bildschirms sind demnach die Menüs zu modifizieren, aus denen über den "Picking-Mode" die Auswahl der gewünschten Alternative erfolgt. Dies betrifft zum einen das Menü zur Maschinenauswahl und zum anderen das Menü der Wegelemente. Die Vergabe einer Codenummer, die nach Auswahl über die Tastatur eingegeben wird, stellt eine einfache Variante dieser Programmschritte dar.

Es kann in der Praxis zweckmäßig sein, ein auf speziellen Programmiersprachen basierendes System zur Schneidplanerstellung einzusetzen. Wesentliche Gründe hierfür sind einerseits die Verwendung dieser Programmiersprache bzw. eines verfahrensunabhängigen Anteils dieser Sprache für andere Fertigungsverfahren. Andererseits ist bei derartigen Systemen weitgehend gewährleistet, daß die erforderlichen maschinenabhängigen Postprocessoren zur Verfügung gestellt werden. Wesentlich erscheint jedoch, daß der Anwendung eines solchen Systems unabhängig von einer speziellen Codierung der einzelnen Anweisungen mit Programmierbefehlen ist.

Dies kann erreicht werden, wenn rechnerintern eine Übersetzung der Informationen in die spezielle Befehlsform der angewendeten Programmiersprache durchgeführt wird. Hierbei besteht zum einen die Möglichkeit, den Schachtelplan, d. h. die Geometrie der Werkstücke und deren relative Lage, umzucodieren und dann die zusätzlichen Daten des Schneidplans diesen geometrischen Daten in der entsprechenden Codierung zuzuordnen. Zum anderen können zusätzlich die über Menüs eingegebenen bzw. rechnerintern ermittelten Schneidplandaten direkt über ein Übersetzungsprogramm umcodiert werden. Eine dritte Möglichkeit besteht darin, die kompletten, allgemeingültig ermittelten Schneidplandaten zu übersetzen.

Dieser letzten Möglichkeit ist der Vorzug zu geben. Hierfür sind folgende Gründe maßgebend. Zum einen kann die gesamte Verschnittplanung problemorientiert durchgeführt werden, ohne daß spezielle Programmiersprachen angewendet werden. Zum anderen können an die hinsichtlich Dateninhalt definierten Schnittstellen des Schneidplans unterschiedliche Programmiersysteme angeschlossen werden, ohne daß ein Eingriff in die davorliegenden Programme notwendig wird. Hierdurch wird eine große Flexibilität beim Einsatz unterschiedlicher Programmiersysteme erreicht. Diesem Aspekt kommt eine große Bedeutung zu, da Programmiersysteme vielfach direkt von der Maschinensteuerung abhängig sind.

Werden in einem Unternehmen ausschließlich photoelektrisch gesteuerte Maschinen eingesetzt, kann eine verkürzte, auf dieses Programm zugeschnittene Fassung des Programms zur Schneidplanerstellung in Erwägung gezogen werden. Hierbei werden nur die Daten des Schneidplanes festgelegt. Entsprechend kann das Menü zur Eingabe der Wegelemente verkürzt werden, wodurch die Programmteile zur Verarbeitung der nicht benötigten Wegelemente entfallen. Außerdem ist die Logik zur Ableitung der Hilfssteuerfunktionen sowie zum Zuordnen der Brenngeschwindigkeit nicht notwendig.

Gegen ein derartig reduziertes System zur Schneidplanerstellung sprechen mehrere Gründe. Zum einen ist der Mehraufwand zur Eingabe und rechnerinternen Aufbereitung des gesamten Schnittplans in Relation zur Festlegung der Schneidplandaten für photoelektrisch gesteuerte Maschinen gering. Zum anderen können wesentliche Informationen, d. h. die Zusatzinformationen, dem Bedienungspersonal nicht zur Verfügung gestellt werden. Zur Erstellung des Schneidplans muß sich der Sachbearbeiter zudem bereits gedanklich den gesamten Schnittplan vorstellen. Die Ausgabe des jeweiligen aktuellen Standes des Schnittplanes auf einem Bildschirm unterstützt wesentlich die Festlegung der Bearbeitungsreihenfolge und ermöglicht außerdem eine einfache optische Kontrolle des Schneidplans.

Die Schneidplanerstellung für andere Fertigungsverfahren muß ebenfalls verfahrensspezifisch aufgebaut werden. Im Prinzip kann eine vergleichbare Datenfestlegung durchgeführt werden. Wesentliche Modifikationen ergeben sich bei dem für das Brennschneiden typischen Lochstechen, beim Einlauf sowie bei den Hilfssteuerfunktionen. Damit ist auch die erforderliche Logik zum Ableiten der Hilfssteuerfunktionen aus den Wegelementen abzuändern.

8. Einsatz des Gesamtsystems zur Verschnittplanung und Wirtschaftlichkeitsbetrachtung

Das entwickelte Gesamtsystem zur Verschnittplanung stellt eine umfassende und flexible Lösung des zweidimensionalen Verschnittproblems dar. Wie in den Kapiteln über den Einsatz der einzelnen Programme bereits erläutert wurde, sind je nach Anwendungsfall Modifikationen der einzelnen Programme zweckmäßig.

Die Auswahl eines geeigneten Programmsystems wird von einer Vielzahl von Kriterien beeinflußt. Ein wesentliches Kriterium stellt hierbei die verfügbare Rechenanlage dar, da ein graphischer Bildschirm für die Dialogverarbeitung zur heuristischen Schachtel- und Schneidplanerstellung notwendig ist.

Unter dieser Voraussetzung erscheinen eine algorithmische Schachtelplanerstellung mit anschließender Verbesserung des Schachtelplanes im Dialog bzw. eine algorithmische Kombination von Teilen zu Rechtecken und eine rechnerunterstützte Verschachtelung der Rechtecke im Dialog als sinnvolle Varianten (Kapitel 6.5).

Hierbei ist der zuerst genannten Alternative der Vorzug zu geben, wenn eine große Anzahl Rohbleche mit gleichem Werkstoff bei einem Planungsvorgang anfallen. Die zweite Alternative hingegen ist aufgrund ihrer höheren Flexbilität geeigneter, wenn bei einem Planungsvorgang Werkstücke mit stark variierenden Blechdaten vorkommen, wobei die Rohbleche wegen einer geringen Werkstückanzahl und zusätzlich kleinen Abmessungen nicht in vollem Maße ausgenutzt werden können.

Bei den Programmen zur Schachtelplanerstellung stellen die Grundformen die Basis zur Eingabe und algorithmischen Verschachtelung von Werkstücken dar. Deshalb kommt der Auswahl der Grundformen und auch der definierten Abweichnungen eine besondere Bedeutung zu. Hierfür sind Werkstückanalysen eine Voraussetzung. Aufgrund des damit gewonnenen Überblicks können die zweckmäßigen Grundformen und Abweichungen definiert bzw. ergänzt werden, wobei auch eine Vereinheitlichung ähnlicher Formen anzustreben ist. Die Anwendung der definierten Grundformen und Abweichungen sollte auch der Konstruktion empfohlen bzw. vorgeschrieben werden, damit von vornherein möglichst solche Formen festgelegt werden, die einfach zu verschachteln sind. Darüber hinaus können auch Werkstückformen, die schlecht zu kombinieren, aber aus funktionaler Sicht durch Grundformen zu ersetzen sind, durch Konstruktionsrichtlinien eingeschränkt oder verboten werden. Eine beliebige Variation der Abmessungen der Grundformen ist jedoch möglich.

Mit dieser Standardisierung der Formen von Blechteilen ist zugleich auch eine Einschränkung der Blechvielfalt hinsichtlich Werkstoff und Blechdicke anzustreben, die sich ebenfalls günstig auf die Verschnittplanung auswirkt. Darüber hinaus können aufgrund von erhöhten Mengenrabatten, verringerten Lagerkosten u.a.m. durch diese Maßnahme weitere Vorteile erzielt werden /3/.

Letztlich ist die Wirtschaftlichkeit für den Einsatz eines Programmsystems zur Verschnittplanung das ausschlaggebende Kriterium. Bei einer Wirtschaftlichkeitsbetrachtung des erstellten Programmsystems muß davon ausgegangen werden, daß die Teilschritte des Gesamtsystems zur Erstellung eines Steuerlochstreifens für NC-Brennschneidemaschinen mit Ausnahme einer Verschnittminimierung erforderlich sind. Ein Schachtelplan ist jedoch notwendig, da eine derartige Maschine durch Ausbrennen eines Einzelteils je Rüstzyklus nicht wirtschaftlich zu nutzen ist. Deshalb ist ein Programmsystem zur Verschnittplanung in diesem Fall nur im Rahmen des Gesamtprozesses, d.h. Produktion von Blechteilen, zu beurteilen. Dieser Prozeß wird u. a. wesentlich durch die Anzahl der anfallenden Blechteile, deren geometrische Form und Blechdaten sowie deren terminliche Verteilung beeinflußt.

Um trotzdem einen Eindruck über die Wirtschaftlichkeit der Programme zu vermitteln, soll die Betrachtung auf die Verschnittplanung beschränkt werden. Hierbei ist eine Unterteilung in Einsparung von Rohblech und in Verringerung des Planungsaufwandes möglich. Ein an praktischen Werten angelehntes Beispiel soll zunächst einen groben Anhaltspunkt über die mögliche Verringerung des Planungsaufwandes vermitteln.

Angenommen wird, daß eine graphische Datenverarbeitungsanlage ausschließlich durch dieses Programmsystem genutzt und zu 75 % während der normalen Arbeitszeit belegt wird. Als Durchschnittswert für die rechnerunterstützte Erstellung eines Schneidplans wird eine halbe Stunde veranschlagt. Während dieser Zeit soll ein Sachbearbeiter durch diese Aufgabe gebunden sein. Die Zeit zur manuellen Erstellung und Programmierung eines Schneidplans für NC-Maschinen einschließlich der Verschachtelung, die zum gleichen Ergebnis wie bei der rechnerunterstützten Lösung führen soll, wird günstig mit zwei Stunden geschätzt. Der Verrechnungssatz für die Personalkosten beträgt 40 DM pro Stunde. Unter Berücksichtigung der variablen Kosten des Rechners und der einmaligen Kosten zur Programmerstellung, für die vier Mannjahre zugrunde gelegt werden, ergibt sich bei der oben angenommenen Auslastung bei Kostengleichheit der Verfahren ein fixer Stundensatz des Rechners von ungefähr 110 DM. Dieser Wert liegt ca. um das Fünffache über dem Stundensatz kleiner Graphischer Datenverarbeitungsanlagen. Bei einer verstärkten Nutzung der Rechenanlage durch einen größeren Bedarf an Schneidplänen bzw. durch andere Programmsysteme erhöht sich die Wirtschaftlichkeit.

Ungünstiger erscheint unter dem Aspekt des Planungsaufwandes der Einsatz des Programmsystems für photoelektrisch gesteuerte Maschinen. Hier muß die manuelle Verschachtelung gegenüber der algorithmischen Verschachtelung bzw. der zusätzlichen Schneidplanerstellung im Dialog betrachtet werden.

Eine manuelle Verschachtelung in der Werkstatt ohne konkreten Planungsvorgang ist unter diesem Einzelaspekt natürlich günstiger. Eine Verschnittplanung in der Arbeitsvorbereitung erfordert jedoch einen Planungsaufwand von 2 - 3 Stunden je Rohblech (Kapitel 2). Darüber hinaus ist zur manuellen Erstellung einer Brennschablone wegen der erforderlichen Präzision mit einem Zeitaufwand von etwa 0,5 Stunden zu rechnen. Bei Annahme von 20 Blechteilen je Rohblech resultiert hieraus insgesamt ein manueller Aufwand von ca. 12 Stunden je Schachtelplan, was Personalkosten in Höhe von DM 480,-- entspricht.

Unter Berücksichtigung eines Präzisionsplotters soll in der Vergleichsrechnung der fixe Stundensatz einer Rechnerkonfiguration mit kleiner Zentraleinheit auf DM 70,-- festgelegt werden. Einschließlich der Werkstückbeschreibung und -eingabe für 20 Werkstücke mit durchschnittlich 5 Minuten je Werkstück bei Anwendung der Konturelementbeschreibung und einem Zeitaufwand von 30 Minuten, wobei während dieser Zeit sowohl ein Sachbearbeiter als auch die Rechenanlage eingesetzt wird, ergeben sich Kosten in Höhe von ca. DM 240,-- für einen rechnerunterstützt erstellten Schneidplan, was einer Kostenreduzierung von 50 % entspricht.

Eine Einsparung des Materialverschnitts der Blechteile kann ebenfalls nur sehr grob abgeschätzt werden. Ausgehend von der in Kapitel 2 aufgeführten Reduzierung der Verschnittquote in einem Unternehmen, das ein Programm zur Verschnittminimierung rechteckiger Formen einsetzt, von ca. 8 %, soll ebenfalls eine durchschnittliche Verringerung der Verschnittquote von 8 % angenommen werden. In einem mittleren Unternehmen des Maschinenbaus in der Größenordnung von 1.500 Mitarbeitern kann der Verlust, der sich aus dem Preis des Rohbleches und einer Verschnittquote von 18 % unter Berücksichtigung des Schrotterlöses ergibt, grob mit 1 Million DM/Jahr geschätzt werden /8/. Aus der Reduzierung der Verschnittquote würde bei diesen Werten eine jährliche Einsparung von 440.000,-- DM resultieren. Unter Berücksichtigung der beiden Einflüsse Verringerung des Planungsaufwandes und Reduzierung der Verschnittquote folgt bei diesen Annahmen eine gesicherte Wirtschaftlichkeit der Programme.

Diese Beispiele können nur grob geschätzte Anhaltswerte liefern, um die Größenordnung der möglichen Einsparung abzugrenzen. Natürlich muß vor dem Einsatz eines Programms zur Verschnittplanung eine detaillierte Wirtschaftlichkeitsrechnung unter Berücksichtigung aller relevanten Kriterien mit betriebsspezifischen Daten durchgeführt werden.

Außer der Wirtschaftlichkeit ist jedoch auch zu beachten, daß eine auftragsunabhängige Verschnittplanung, die eine Schachtelplanerstellung beinhaltet, manuell kaum zu realisieren ist, da hierzu eine bedeutende Erhöhung der Personalkapazität notwendig wird. Darüber hinaus bietet der Einsatz eines Programmsystems bei geeigneter organisatorischer Eingliederung weitere Vorteile, wie verkürzte Durchlaufzeiten und verbesserte Informationen für die Fertigung. Der Einsatz eines Programmsystems zur Verschnittplnaung stellt demnach ein geeignetes und effektives Hilfsmittel zur Rationalisierung in der Arbeitsvorbereitung dar.

9. Zusammenfassung

In Unternehmen des Maschinen- und Stahlbaus mit Einzel-, Kleinserien- und Mittelserienfertigung stellt der Verschnitt von Blechen wegen der großen Verschnittquote und des hohen Anteils der Blechteile am gesamten Teilespektrum ein bedeutendes Problem dar.

Erschwerend wirkt sich hierbei einerseits aus, daß die Werkstücke hinsichtlich Form und Abmessungen sehr unterschiedlich sind. Andererseits ist eine Verschachtelung der Teile mit dem Ziel, die Verschnittquote zu senken, manuell sehr aufwendig, zumal je nach Auftragszusammensetzung unterschiedliche Teile zu kombinieren sind. Aus diesem Grunde wird heute in den meisten Unternehmen keine Verschnittplanung durchgeführt, sondern die Verschachtelung der Werkstücke wird dem Bedienungspersonal der Maschine überlassen.

Bei einem Einsatz von NC-Brennschneidemaschinen muß aber eine Verschachtelung in der Arbeitsvorbereitung durchgeführt werden, da aus wirtschaftlichen Gründen für diese Maschinen nur Steuerlochstreifen zum Ausbrennen eines ganzen Rohbleches sinnvoll sind. Da der Einsatz dieser Maschinen zunimmt, stehen immer mehr Unternehmen vor der Notwendigkeit, eine Verschnittplanung durchzuführen, ohne daß geeignete Methoden zur rechnerunterstützten Verschachtelung von Blechteilen verfügbar sind.

Von dieser Problemstellung ausgehend wurde zunächst der Istzustand der Verschnittplanung analysiert. Wesentliche Einflüsse der Analyse sind, daß Blechteilzuschnitte zu einem sehr großen Prozentsatz Dimensionsvarianten sind, wobei unter Vernachlässigung von Abweichungen die rechteckige Form mit einem Anteil von 70 - 80 % bei weitem überwiegt. Zum anderen wird vor allem das Brennschneiden zum Trennen der Bleche verwendet. Darüber hinaus kommt beliebigen Restblechen, die nach dem Ausbrennen einiger Teile aus einem handelsüblichen Rohblech übrigbleiben, eine große Bedeutung zu. Diesen Ergebnissen muß ein System zur Verschnittplanung Rechnung tragen. Weiterhin wurde als Anforderung ermittelt, daß kleine Rechenanlagen oder Datenstationen, die im Bereich der Arbeitsvorbereitung stehen müssen, als technische Hilfsmittel einzusetzen sind.

Das System zur zweidimensionalen Verschnittplanung unterschiedlicher Blechteile wurde unterteilt in ein System zur Schachtelplanerstellung und in ein darauf aufbauendes System zur Schneidplanerstellung. Ein Schachtelplan beschreibt nur die geometrische Anordnung der Teile, während ein Schneidplan den Werkzeugweg zum Trennen der Teile beinhaltet. Den Teilfunktionen der beiden Systeme wurden zweckmäßige Lösungsprinzipien und Rechnerkonfigurationen zugeordnet. Von diesem Lösungskonzept ausgehend wurden drei Programmsysteme entwickelt, und zwar

- Programm zur algorithmischen Schachtelplanerstellung unter Einsatz einer Kleinrechnerkonfiguration

- Programm zur Schachtelplanerstellung im Dialog mit Hilfe eines interaktiven Bildschirms

- Programm zur Schneidplanerstellung im Dialog mit Hilfe eines interaktiven Bildschirms

Die beiden Systeme zur Schachtelplanerstellung ergänzen sich unmittelbar, sie können jedoch auch voneinander unabhängig als selbständige Programme eingesetzt werden.

Kennzeichnend für die algorithmische Verschachtelung ist, daß Werkstücke zunächst zu rechteckigen Kombinationen verschachtelt werden. Basis der hierzu entwickelten Algorithmen sind definierte Grundformen. Diese vereinfachen zusätzlich die Werkstückbeschreibung. Die automatische Kombination von Teilen zu Rechtecken kann in beiden Systemen zur Schachtelplanerstellung eingesetzt werden. Geht man davon aus, daß die beiden Programme zur Schachtelplanerstellung als sich ergänzende Systeme eingesetzt werden, ist diese Methode vor allem bei der algorithmischen Schachtelplanerstellung anzuwenden. Entsprechend wurde sie in diesem Programm auch in breitem Rahmen realisiert.

Algorithmisch erfolgt die Weiterverarbeitung der gebildeten Rechtecke, indem diese systematisch in definierten Schritten auf dem

Rohblech kombiniert werden. Aus den möglichen Kombinationen wird anschließend mit Hilfe der Simplex-Methode die verschnittminimale Lösung ermittelt.

Beim Programm zur Schachtelplanerstellung im Dialog können die Werkstücke beliebig durch Drehen, Spiegeln, Schieben auf einem graphischen Bildschirm angeordnet werden. Durch Algorithmen zur Kombination von Teilen zu Rechtecken wird - sofern die Werkstücke Grundformen entsprechen und in einer größeren Stückzahl vorkommen - eine Rechnerunterstützung des Dialoges erreicht.

Die Schneidpläne werden ausschließlich im Dialog zwischen Benutzer und Rechner über einen graphischen Bildschirm erstellt. Das Programm ist so konzipiert, daß nicht nur die Schneidpläne, die direkt zur Steuerung der Maschine eingesetzt werden, sondern auch zusätzliche Informationen für das Werkstattpersonal, wie Schnittpläne u.a.m. ausgegeben werden. Zur Schneidplanerstellung wurden sogenannte Wegelemente definiert, mit denen der Werkzeugweg festgelegt werden kann. Mit den Wegelementen ist eine Logik zum Zuordnen von Geschwindigkeiten und Hilfssteuerfunktionen gekoppelt.

Es wurden auch Hinweise gegeben, wie die Programmlogik je nach Anwendungsfall sinnvoll zu modifizieren ist. Anhand einer Beispielrechnung wurde die Wirtschaftlichkeit des Programms nachgewiesen.

10. Literatur

1. Eversheim, W. / Wiendahl, H.-P. — Rationelle Auftragsabwicklung im Konstruktionsbereich
Girardet-Taschenbücher Technik, Band 1
Verlag W. Girardet, Essen 1971

2. Minolla, W. — Rationalisierung in der Arbeitsplanung
Dissertation TH Aachen, 1975

3. Hemgesberg, G. — Technische Materialplanung in Unternehmen mit Einzel- und Kleinserienfertigung
Dissertation TH Aachen, 1975

3. Opitz, H. / Brankamp, K. / Junghanns, W. / Berger, H. — Geänderte Anforderungen an den technischen Bereich der Fertigungsindustrie durch Einsatz von Bearbeitungszentren
RKW-Forschungsbericht, 1969,
Projekt D 66168, Teilprojekt 3

5. Junghanns, W. — Planung neuer Fertigungssysteme für die Einzel- und Kleinserienfertigung
Dissertation TH Aachen, 1970

6. Sigg, A. — Das eindimensionale Verschnittproblem
IBM Form 78 181 10163

7. Bussmann, K.F. / Mertens, P. (Hrsgb.) — Operations Research und Datenverarbeitung bei der Produktionsplanung
Verlag C.E. Poeschel, Stuttgart 1968

8. Opitz, H. / Grabowski, H. / Hemgesberg, G. — Planung des optimalen Ausgangsmaterials von Werkstücken in der Einzel- und Kleinserienfertigung mit Hilfe elektronischer Datenverarbeitungsanlagen
Forschungsbericht des Landes NRW
Westdeutscher Verlag, Opladen 1974

9. Cornely, H. Guldin, W. — Bildschirmunterstützte Auslegung von Folgeschneidwerkzeugen
Industrie-Anzeiger 96 (1974), Nr. 28, S. 611 ff

10. Blank, O. — Verschnittminimierung bei Schneidwerkzeugen mittels EDV-automatisieren
Maschinenmarkt Nr.82 (1976) S. 1497 ff

11. Kienzle, O. Heesch, H. — Flächenschluß-System der Formen lückenlos aneinanderschließender Flächenteile
Springer-Verlag, Berlin-Göttingen-Heidelberg 1963

12. Brankamp, K. — Ein Klassifizierungssystem für Stahlbaueinzelteile - Rationalisierungsmöglichkeiten durch Systematisierung der Werkstücke in der Konstruktion und Fertigung
Vortrag am 7.10.1970 in Berlin
Deutscher Stahlbautag 1970, Fachsitzung II
Das moderne Stahlbauunternehmen

13. Dirzus, E. — Ein Klassifizierungssystem für Stahlbaueinzelteile - Erfahrungen mit einem Klassifizierungssystem für Stahlbaueinzelteile
Vortrag am 7.10.1970 in Berlin
Deutscher Stahlbautag 1970, Fachsitzung II
Das moderne Stahlbauunternehmen

14. Baberg, T. Graalmann, H. Hemgesberg, G. — Einführung eines Klassifizierungssystems für Maschinenbau- und Blechteile
Unveröffentlichte Untersuchung des Werkzeugmaschinenlabors, TH Aachen 1976

15. Graalmann, H.
Schaefer, F.W.
Einführung eines Klassifizierungssystems für Maschinenbau- und Blechteile
Unveröffentlichte Untersuchung des Werkzeugmaschinenlabors, TH Aachen 1975

16. Gräßler, D.
Simon, R.
Stehle, P.
Klassifizierung von Einzelteilen
Unveröffentlichte Untersuchungen des Werkzeugmaschinenlabors, TH Aachen 1967

17. Maak, H.
Gedanken zum zweidimensionalen Verschnittplan
IMB Form 78169/11/63

18. Goswani, P.
Wertanalysebeispiel: Reduktion des Blechverschnitts im Trafobau
Industrielle Organisation 41 (1973) Nr. 7

19. Zimmermann, H.J.
Zielinski, J.
Lineare Programmierung, Ein programmiertes Lehrbuch
Verlag Walter de Gruyter, Berlin, New York 1975

20. Hirscherg, H.
Hysing, T.
Automation des Brennschneidens - Erfahrungen mit numerisch gesteuerten Brennschneidemaschinen im Schiff- und Maschinenbau
Fachbuchreihe Schweißtechnik, Band 36
Deutscher Verlag für Schweißtechnik (DVS), Düsseldorf 1966

21. Imbusch, K.
Ernst, G.
NESTEX - Ein Programmsystem zur Verwaltung und Schachtelung von Zwischenausgaben (CLDATA) von NC-Processoren
Unveröffentlichte Unterlagen der Forschungsvereinigung für Fertigungseinrichtungen e. V. Aachen, 1976

22. N.N. CUTPLAN
Unveröffentlichte Untersuchung
der IBM Deutschland

23. N.N. Zuschnitt auf Blechtafeln
VDI-Nachrichten, Nr. 38, 24. Sept. 76

24. Hirschberg, H.
Haase, A. Erfahrungen mit numerisch gesteuerten
Brennschneidemaschinen im Maschinen-
und Apparatebau
Die Maschine, H. 8, 1969

25. Hirschberg, H. Vergleich der Informationsträger
(Schablone, Zeichnung, Magnetband)
für Brennschneidemaschinen
Fachbuchreihe Schweißtechnik, Band 46
Verlag für Schweißtechnik, (DVS),
Düsseldorf 1966

26. Vogel, F.O. Technische Auftragsabwicklung unter
Einsatz dialogfähiger Rechenanlagen
Dissertation TH Aachen 1976

27. Dantzig, G.B. Lineare Programmierung und Erweite-
rungen
Berlin, Heidelberg, New York 1966

GPSR Compliance

The European Union's (EU) General Product Safety Regulation (GPSR) is a set of rules that requires consumer products to be safe and our obligations to ensure this.

If you have any concerns about our products, you can contact us on ProductSafety@springernature.com

In case Publisher is established outside the EU, the EU authorized representative is:

Springer Nature Customer Service Center GmbH
Europaplatz 3
69115 Heidelberg, Germany

Batch number: 10577876

Printed by Printforce, the Netherlands